Ender Anılır
Filiz Ozen
Halil İbrahim Yildirim

Polimorfismo do gene IL-8 na pancreatite aguda biliar e não biliar

Ender Anılır
Filiz Ozen
Halil İbrahim Yildirim

Polimorfismo do gene IL-8 na pancreatite aguda biliar e não biliar

ScienciaScripts

Cover image: Disponibilizado pelo autor

This book is a translation from the original published under ISBN 978-613-3-99098-2.

Publisher:
Sciencia Scripts
is a trademark of
Dodo Books Indian Ocean Ltd. and OmniScriptum S.R.L publishing group

120 High Road, East Finchley, London, N2 9ED, United Kingdom
Str. Armeneasca 28/1, office 1, Chisinau MD-2012, Republic of Moldova, Europe
Printed at: see last page
ISBN: 978-620-8-02318-8

ÍNDICE

1 Polimorfismo do gene IL-8 na pancreatite aguda biliar e não biliar: causa provável de parâmetros elevados?

Pancreatite aguda

A pancreatite aguda pode variar entre uma doença ligeira, auto-limitada, que requer apenas medidas de apoio, e uma doença grave com complicações potencialmente fatais. As causas mais comuns de pancreatite aguda são os cálculos biliares e o consumo excessivo de álcool. A incidência da pancreatite aguda tem aumentado em todo o mundo. Apesar das melhorias no acesso aos cuidados de saúde e às técnicas de imagiologia e de intervenção, a pancreatite aguda continua a estar associada a uma morbilidade e mortalidade significativas.

Uma revisão sistemática das diretrizes de prática clínica para o tratamento da pancreatite aguda revelou 14 diretrizes publicadas apenas entre 2004 e 2008. Embora estas recomendações se sobreponham em grande medida em termos de diagnóstico e tratamento da pancreatite aguda, existe desacordo em relação a alguns aspectos do momento e dos tipos de intervenções a implementar na pancreatite aguda ligeira e grave. A disponibilidade de novas modalidades de imagiologia e de terapias não invasivas também alterou a prática clínica. Por último, apesar da existência de diretrizes, estudos recentes sobre a gestão clínica da pancreatite aguda destacaram áreas significativas de incumprimento das recomendações baseadas em provas. Isto realça a importância de criar recomendações compreensíveis e acionáveis para o diagnóstico e a gestão da pancreatite aguda e sublinha a necessidade de auditorias regulares da prática clínica num determinado hospital para garantir o seu cumprimento.

O objetivo desta diretriz é fornecer recomendações baseadas na evidência para o tratamento da pancreatite aguda ligeira e grave, bem como para o tratamento das complicações da pancreatite aguda e da pancreatite induzida por cálculos biliares.

Diagnóstico de pancreatite aguda - Deve ser efectuada uma análise da lipase sérica em todos os doentes com suspeita de pancreatite aguda. É necessário um aumento de 3 vezes da lipase sérica em relação ao limite superior do normal para efetuar o diagnóstico de pancreatite aguda.

A ultrassonografia deve ser realizada em todos os doentes no início da doença para avaliar as vias biliares e, em particular, para determinar se o doente tem cálculos biliares e/ou um cálculo no ducto biliar comum (CBD).

-A colangiopancreatografia por ressonância magnética (CPRM) é recomendada apenas para doentes com enzimas hepáticas elevadas em que o CBD não é adequadamente visualizado ou é considerado normal na ecografia.

A tomografia computorizada (TC) deve ser realizada seletivamente quando 1) um doente apresenta dor abdominal significativa e um diagnóstico diferencial alargado que inclui pancreatite aguda, ou 2) em doentes com suspeita de complicações locais de pancreatite aguda (por exemplo, peritonite, sinais de choque, achados ultra-sonográficos sugestivos). Os exames de TC para avaliar as complicações locais são mais úteis 48-72 horas após o início dos sintomas do que na altura da admissão. A menos que seja contraindicado (por exemplo, disfunção renal), deve ser administrado contraste intravenoso para avaliar a necrose pancreática depois de os doentes terem sido adequadamente reidratados e a normovolémia ter sido restabelecida.

Avaliação da gravidade

-Um nível sérico de proteína C-reactiva (PCR) de 14.286 nmol/L (150 mg/dL) ou superior no início ou nas primeiras 72 horas é sugestivo de pancreatite aguda grave e prevê uma pior evolução clínica. Por conseguinte, a PCR deve ser avaliada na admissão e diariamente durante as primeiras 72 horas após a admissão.

-As pontuações APACHE II (avaliação fisiológica aguda e avaliação da saúde crónica) devem ser calculadas na admissão e diariamente durante as primeiras 72 horas após a admissão. Uma pontuação APACHE II de 8 ou mais no início ou durante as primeiras 72 horas é sugestiva de pancreatite aguda grave e prevê uma evolução clínica mais grave.

-A pancreatite aguda grave deve ser diagnosticada se um doente apresentar sinais de insuficiência orgânica persistente durante mais de 48 horas, apesar da reanimação adequada com fluidos intravenosos.

Diagnóstico e tratamento das complicações locais da pancreatite aguda

-Deve ser considerada a repetição da TAC se houver novos sinais (ou sinais não resolvidos) de infeção (por exemplo, leucocitose, febre) sem origem conhecida, uma nova incapacidade de tolerar a alimentação oral/enteral, uma alteração do estado hemodinâmico ou sinais de hemorragia.

-Os doentes com pancreatite aguda necrosante extensa que não apresentem sinais clínicos de melhoria após um tratamento inicial adequado, ou nos quais se desenvolvam outras complicações, devem ser tratados em consulta ou em instituições com experiência em endoscopia terapêutica, radiologia de intervenção, cirurgia e cuidados intensivos no tratamento da pancreatite aguda grave.

-Os pseudoquistos pancreáticos assintomáticos devem ser tratados sem cirurgia. A intervenção está indicada no caso de pseudoquistos sintomáticos, infectados ou que aumentem de tamanho em imagens seriadas, e deve ser realizada num centro de grande volume.

Laboratório e imagiologia da pancreatite aguda

A lipase sérica tem uma sensibilidade ligeiramente superior para detetar a pancreatite aguda, e as elevações ocorrem mais cedo e duram mais tempo do que as elevações da amilase sérica. Um estudo mostrou que, no primeiro dia após o início dos sintomas, a lipase sérica tinha uma sensibilidade próxima de 100%, em comparação com 95% para a amilase sérica. Nos dias 2 e 3, com uma sensibilidade fixada em 85%, a especificidade da lipase é de 82%, contra 68% para a amilase. A lipase sérica é, portanto, particularmente útil para os doentes que chegam tarde ao hospital. A lipase sérica é também mais sensível do que a amilase sérica nos doentes com pancreatite aguda secundária ao consumo excessivo de álcool. Além disso, a determinação simultânea da lipase sérica e da amilase sérica melhora apenas marginalmente o diagnóstico de pancreatite aguda em doentes com dor abdominal aguda.

Os cálculos biliares e o abuso de álcool são as causas da pancreatite aguda em 70-80% dos casos. É importante distinguir entre estas etiologias devido às diferenças no tratamento. A ecografia do quadrante superior direito é a principal modalidade de imagiologia para a suspeita de pancreatite biliar aguda, devido ao seu baixo custo, disponibilidade e ausência de exposição à radiação. A ecografia tem uma sensibilidade e especificidade superiores a 95% na deteção de cálculos biliares, embora a sensibilidade possa ser ligeiramente inferior no contexto de ileus com distensão intestinal, comummente associado à pancreatite aguda. A ecografia pode também identificar espessamento e edema da parede da vesícula biliar, lama da vesícula biliar, líquido pericolecístico e um sinal sonográfico de Murphy, compatível com colecistite aguda. Quando estes sinais estão presentes, o valor preditivo positivo da ecografia no diagnóstico de colecistite aguda é superior a 90%, e raramente são necessários estudos adicionais.

A colangiopancreatografia por ressonância magnética é útil para identificar cálculos biliares e delinear a anatomia do pâncreas e das vias biliares. Uma revisão sistemática de 67 estudos mostrou que a sensibilidade e a especificidade globais da CPRM para o diagnóstico de obstrução biliar eram de 95% e 97%, respetivamente. A sensibilidade foi ligeiramente inferior (92%) para a deteção de cálculos biliares. No entanto, o custo da CPRM deve limitar a sua utilização para o diagnóstico de cálculos biliares ou de colecistite aguda, especialmente tendo em conta a disponibilidade e a utilidade da ecografia para o mesmo fim.

Em casos graves, a TC é útil para distinguir a pancreatite aguda intersticial da pancreatite aguda necrosante e para excluir complicações locais. No entanto, na pancreatite aguda, estas distinções são normalmente efectuadas mais de 3 a 4 dias após o início dos sintomas, o que limita a utilidade da TC na admissão, a não ser que exista um diagnóstico diferencial alargado que necessite de ser reduzido.

Diagnóstico e tratamento das complicações locais da pancreatite aguda

Dois artigos de revisão recentes sobre a pancreatite aguda resumiram a importância de gerir os doentes com complicações da pancreatite aguda em centros de grande volume, nos quais todos os departamentos estão familiarizados com a abordagem multidisciplinar da doença grave e/ou complicada.

Foi demonstrado que a necrose por TC se correlaciona com o risco de outras complicações locais e sistémicas. As complicações locais que podem ser identificadas por TC abdominal incluem colecções de fluido peripancreático, complicações gastrointestinais e biliares (por exemplo, obstruções), envolvimento de órgãos sólidos (por exemplo, enfarte esplénico), complicações vasculares (por exemplo, pseudoaneurismas, trombose da veia esplénica) e ascite pancreática.

A mortalidade em doentes com necrose pancreática infetada é superior a 30%, e até 80% dos resultados fatais em doentes com pancreatite aguda devem-se a complicações sépticas resultantes da infeção pancreática. O tratamento não cirúrgico da necrose pancreática infetada associada a falência de múltiplos órgãos tem uma taxa de mortalidade de até 100%. O tratamento cirúrgico de doentes com necrose pancreática infetada está associado a uma mortalidade de 10-30% em alguns centros especializados. No entanto, o benefício de uma abordagem cirúrgica por etapas foi demonstrado num ensaio controlado aleatório de 2010 com 88 doentes. Os doentes com necrose infetada confirmada ou suspeita foram aleatorizados entre necrosectomia aberta e uma abordagem progressiva de drenagem percutânea seguida, se necessário, de necrosectomia retroperitoneal minimamente invasiva. A falência de múltiplos órgãos de início recente ocorreu com menos frequência nos doentes afectados à abordagem progressiva do que nos afectados à necrosectomia aberta (12% versus 40%, p=0,002). A mortalidade não diferiu significativamente entre os grupos (19% versus 16%, p = 0,70). Os doentes submetidos à abordagem progressiva tiveram uma taxa significativamente mais baixa de hérnias incisionais (7% versus 24%, p = 0,03) e de novos casos de diabetes (16% versus 38%, p = 0,02).

Um pseudocisto pancreático é uma coleção de líquido pancreático (extravasamento direto da glândula inflamada ou rutura do ducto pancreático) encerrado numa parede não epitelizada de tecido granular ou fibroso. Aparecem geralmente mais de 4 semanas após o início da pancreatite aguda e contêm líquido rico em enzimas pancreáticas. São normalmente estéreis, mas podem ser infectados. Metade dos pseudoquistos resolve-se espontaneamente. Nem o tamanho nem a duração do pseudocisto podem prever a sua evolução natural. Os sinais clínicos de sepsia ou a presença de bolhas de ar num pseudocisto indicam uma potencial infeção. Nesta fase, está indicada a aspiração do líquido com coloração de Gram, cultura e sensibilidade. As bactérias mais frequentemente cultivadas num pseudocisto infetado são microrganismos entéricos, como E. coli, espécies de Bacteroides, espécies de Enterobacter, espécies de Klebsiella e S. faecalis, bem como outros organismos gram-positivos, como S. epidermidis e S. aureus. As indicações gerais para intervenção são pseudocistos sintomáticos, complicações ou infeção de um pseudocisto, ou aumento do tamanho em imagens seriadas. Existem muitas opções disponíveis para o tratamento de pseudocistos pancreáticos, incluindo drenagem percutânea, endoscópica ou cirúrgica (aberta e laparoscópica) e a criação de uma cistogastrostomia (endoscópica ou cirúrgica). Estes procedimentos devem ser realizados em centros de grande volume com equipas multidisciplinares integradas.

Tratamento da pancreatite aguda causada por cálculos biliares

Uma meta-análise Cochrane de 2012 incluiu ECRs que compararam a CPRE precoce de rotina com o tratamento conservador precoce com ou sem uso seletivo de CPRE em pacientes com suspeita de pancreatite biliar aguda. Cinco ECRs foram realizados num total de 644 pacientes. No geral, não houve diferenças estatisticamente significativas entre as duas estratégias de tratamento em termos de mortalidade (RR 0,74, 95% CI 0,18-3,03), complicações locais (RR 0,86, 95% CI 0,52-1,43) ou complicações sistémicas (RR 0,59, 95% CI 0,31-1,11), conforme definido pela classificação de Atlanta. Nos ensaios que incluíram doentes com colangite, a CPRE sistemática precoce reduziu significativamente a mortalidade (RR 0,20, IC 95% 0,06-0,68), as complicações locais (RR 0,45, IC 95% 0,20-0,99) e as complicações sistémicas (RR 0,37, IC 95% 0,18-0,78), de acordo com a classificação de Atlanta. Entre os ensaios que incluíram doentes com obstrução biliar, a estratégia de CPRE precoce e sistemática foi associada a uma redução significativa das complicações locais, tal como definidas pelos autores do estudo principal (RR 0,54, IC 95% 0,32-0,91), e a uma tendência não significativa para uma redução das complicações locais (RR 0,53, IC 95% 0,26-1,07) e sistémicas (RR 0,56, IC 95% 0,30-1,02), tal como definidas pela classificação de Atlanta. As complicações da CPRE foram pouco frequentes.

Num RCT realizado na China (n = 101), os doentes com pancreatite biliar aguda grave foram aleatorizados entre tratamento precoce (nas 72 horas seguintes ao início da doença) com CPRE ou drenagem trans-hepática percutânea da vesícula biliar guiada por imagem (PTGD). As taxas de sucesso foram comparáveis entre a CPRE e a DTPG (92% v. 96%, respetivamente), e a mortalidade aos 4 meses (p = 0,80), as complicações locais (p = 0,59) e as complicações sistémicas (p = 0,51) não diferiram significativamente. O autor conclui que a PTGD é uma opção segura, eficaz e minimamente invasiva que deve ser considerada em todos os doentes com pancreatite biliar aguda grave que não sejam bons candidatos a CPRE ou que não a tolerem.

Uma revisão sistemática131 de 8 estudos de coorte (n=948) e um RCT (n=50) concluiu que a taxa de readmissão por doença biliar em doentes admitidos com pancreatite biliar aguda e que tiveram alta sem colecistectomia foi de 18% nos 58 dias após a alta, em comparação com 0% na coorte que foi submetida a colecistectomia na admissão (p<0,001). Estes resultados são corroborados por vários estudos retrospectivos que também relatam taxas significativamente mais elevadas de recorrência de doença biliar (15%-32%) em pacientes que não foram submetidos a colecistectomia na admissão. A maioria destas recorrências ocorreu antes da colecistectomia de intervalo.

Num ensaio controlado e aleatorizado de 50 doentes com pancreatite biliar aguda ligeira, a colecistectomia laparoscópica realizada nas 48 horas seguintes à admissão resultou numa estadia hospitalar mais curta (média de 3,5 [IC 95% 2,7-4,3] d, mediana 3 [IQR 2-4] d) do que a colecistectomia efectuada após a resolução da dor e das anomalias laboratoriais (média 5,8 [IC 95% 3,8-7,9] d, mediana 4 [IQR 4-6] d, p = 0,002). Um segundo estudo encontrou resultados semelhantes, com uma redução significativa no tempo médio total de internação de 7 para 5 dias (p < 0,001).

Embora os estudos não tenham demonstrado um aumento das taxas de complicações ou de mortalidade em doentes com pancreatite biliar aguda submetidos a colecistectomia precoce em comparação com colecistectomia tardia, deve ser dada especial atenção aos doentes admitidos com pancreatite aguda necrosante grave e/ou que necessitem de internamento em cuidados intensivos. Nesta população de doentes, pode ser razoável adiar a colecistectomia durante pelo menos 3 semanas devido a um risco acrescido de infeção.

As elevadas taxas de recorrência de doença biliar em doentes internados com pancreatite biliar aguda e que tiveram alta sem colecistectomia levaram a vários estudos que investigaram a eficácia da CPRE e da esfincterotomia na redução deste risco. Num estudo prospetivo de 233 doentes com pancreatite biliar aguda, uma análise de subgrupo dos doentes que tiveram alta sem colecistectomia demonstrou que 37% dos doentes que tiveram alta sem intervenção apresentaram uma recorrência da doença biliar no prazo de 30 dias, em comparação com 0% dos doentes que tiveram alta apenas com CPRE e esfincterotomia (p=0,019). Numa análise retrospetiva de 1119 pacientes admitidos por pancreatite biliar aguda, Hwang e colegas relataram uma redução na recorrência de doença biliar de 17% para 8% (p < 0,001) com CPRE e esfincterotomia isolada, em oposição a nenhuma intervenção nos pacientes que receberam alta sem colecistectomia. Uma revisão sistemática de 8 estudos de coorte e um RCT demonstrou uma redução semelhante nos eventos biliares de 24% para 10% (p < 0,001) quando os pacientes não submetidos a colecistectomia na admissão foram submetidos a CPRE e esfincterotomia antes da alta. Estes dados apoiam fortemente a ideia de CPRE com esfincterotomia para pacientes que não podem tolerar a cirurgia na admissão inicial devido a comorbidades ou descondicionamento.

Todos os dados relativos à utilização da CPRE com esfincterotomia para prevenir complicações recorrentes da doença biliar foram gerados em doentes com pancreatite biliar aguda ligeira a moderada, e existe atualmente uma falta de provas que permita basear recomendações definitivas para a gestão de doentes com pancreatite biliar aguda grave e complicada [45].

2 Papel da interleucina 8 no sistema imunitário

A IL-8 é segregada por muitos tipos de células, incluindo monócitos, neutrófilos, células epiteliais, fibroblastos, células endoteliais, células mesoteliais e células tumorais. É libertada por vários tipos de células em resposta a um estímulo inflamatório. A IL-8 desempenha um papel importante na inflamação e na cicatrização de feridas e tem a capacidade de recrutar células T, bem como células inflamatórias não específicas, para os locais de inflamação, activando os neutrófilos. Também estimula a produção de actina de músculo liso em fibroblastos humanos. Além disso, a IL-8 é quimiotáctica para os fibroblastos, acelera a sua migração e estimula a deposição de tenascina, fibronectina e colagénio I durante a cicatrização de feridas in vivo. Este artigo resume o que se sabe atualmente sobre o papel central da IL-8 em várias patologias. Os resultados experimentais e as questões levantadas na investigação da IL-8 são aqui discutidos, e os potenciais papéis da IL-8 como parte de uma complexa rede de citocinas na cicatrização de feridas, angiogénese e vários tipos de cancro são aqui discutidos.

Expressão de IL-8 no sistema imunitário

Em muitos tipos de células, a síntese de IL-8 é fortemente estimulada por IL-1 e TNF-a. Nos fibroblastos da pele humana, a expressão de IL-8 é reforçada pela leucoregulina. A síntese de IL-8 é também induzida por fitohemaglutininas, concanavalina A, ARN de cadeia dupla, ésteres de forbol, cristais de urato de sódio, vírus e lipopolissacáridos bacterianos. A expressão de IL-8 por monócitos do sangue humano em repouso e estimulados é regulada positivamente pela IL-7.

Nos condrócitos, a síntese de IL-8 é estimulada por IL1-P, TNF-a e lipopolissacáridos bacterianos. Nos astrócitos humanos, a síntese e a secreção de IL-8 são induzidas por IL-1 e TNF-a. Os glucocorticóides, a IL-4, o TGF-P, os inibidores da 5'-lipoxigenase e a vitamina D3 1,25(OH)2 inibem a síntese de IL-8. A IL-8 é produzida constitutiva e rotineiramente por várias linhas celulares de carcinoma e esta síntese pode estar relacionada com níveis séricos elevados de IL-8 em doentes com carcinoma hepatocelular. Nas células epiteliais, endoteliais e fibroblásticas, a secreção de IL-8 é induzida pela IL-17.

Caraterísticas das proteínas

A IL-8 é uma proteína de 8,4 kDa, não glicosilada, produzida por transformação de uma proteína precursora de 99 aminoácidos, pertencente à subfamília das quimiocinas CXC e caracterizada por dois resíduos essenciais de cisteína separados por um terceiro aminoácido intermédio. Existem duas formas principais de IL-8: a forma derivada de monócitos (72 aminoácidos), que predomina em culturas de monócitos e macrófagos, e a forma endotelial, que tem cinco aminoácidos N-terminais adicionais, que predomina em culturas de células de tecidos, como as células endoteliais e os fibroblastos.

Foram também isoladas formas mais longas de IL-8 (79 e 77 aminoácidos) e formas mais curtas (69 aminoácidos) do meio condicionado de linfócitos estimulados com lipopolissacárido bacteriano, fibroblastos estimulados com IL-1 ou TNF e células endoteliais estimuladas com poliI:C. A forma predominante de IL-8 produzida por células endoteliais (bem como por células dependentes de ancoragem e células de glioblastoma humano) é a variante de 77 aminoácidos. A IL-8 (6-77) tem uma atividade 5-10 vezes superior na ativação dos neutrófilos, a IL-8 (5-77) tem uma atividade acrescida na ativação dos neutrófilos e a IL-8 (7-77) tem uma maior afinidade pelos receptores CXCR1 e CXCR2 em comparação com a IL-8 (1-77), respetivamente.

Estrutura da IL-8

O gene IL-8 humano (SCYB8) tem 5,1 kb de comprimento e está localizado no cromossoma humano 4q12-q21. O ARNm é constituído por uma região 5' não traduzida de 101 bases, uma estrutura de leitura aberta de 297 bases e uma longa região 3' não traduzida de 1,2 kb. A região flanqueadora 5' do gene IL-8 contém potenciais locais de ligação para vários factores nucleares, incluindo o fator de ativação 1, o fator de ativação 2, o fator regulador 1 do IFN, o fator nuclear 1 dos hepatócitos, um elemento de resposta aos glucocorticóides e um elemento de choque térmico.

IL-8 e receptores

Os receptores de IL-8 pertencem à família das proteínas receptoras acopladas à proteína G. Existem pelo menos dois tipos diferentes de receptores de IL-8. Existem pelo menos dois tipos diferentes de receptores de IL-8. O recetor de tipo 1 liga especificamente a IL-8 (Kd = 0,8-4 nM). O recetor do tipo 2 (Kd para a IL-8 = 0,3-2 nM) liga igualmente factores relacionados com a IL-8, como a MGSA (atividade estimuladora do crescimento do melanoma), a GRO, a MIP-2 (proteína inflamatória dos macrófagos) e a NAP-2 (proteína activadora de neutrófilos-2). Os dois genes do recetor estão localizados no cromossoma humano 2q35.

Funções biológicas e expressão da IL-8

As actividades da IL-8 não são específicas de cada espécie. A IL-8 humana também é ativa em células animais. As actividades biológicas da IL-8 assemelham-se às de uma proteína relacionada, a NAP-2 (neutrophil-activating protein-2). Difere de todas as outras citocinas pela sua capacidade de ativar especificamente os granulócitos de neutrófilos, onde provoca um aumento transitório dos níveis de cálcio citosólico e a libertação de enzimas dos grânulos. A IL-8 aumenta também o metabolismo das ERO (espécies reactivas de oxigénio), a quimiotaxia e a expressão de moléculas de adesão.

A IL-8, por si só, não liberta histamina. Na verdade, inibe a libertação de histamina pelos basófilos humanos induzida pelos factores libertadores de histamina, CTAP-3 (proteína activadora do tecido conjuntivo-3) e IL-3. A IL-8 está igualmente envolvida na meditação da dor. A administração intravenosa de IL-8 a babuínos provoca uma granulocitopenia grave seguida de granulocitose, que persiste enquanto se mantiverem níveis suficientes de IL-8.

A IL-8 é quimiotáctica para todos os tipos conhecidos de células imunitárias migratórias. A IL-8 inibe a adesão dos leucócitos às células endoteliais activadas e, por conseguinte, tem actividades anti-inflamatórias. A forma de 72 aminoácidos da IL-8 é cerca de dez vezes mais potente na inibição da adesão dos neutrófilos do que a variante de 77 aminoácidos.

A IL-8 é um mitogénio para as células epidérmicas e, in vivo, liga-se fortemente aos eritrócitos. Esta captação pode ser de importância fisiológica na regulação das reacções inflamatórias, uma vez que a IL-8 ligada aos eritrócitos deixa de ativar os neutrófilos. A IL-8 derivada de macrófagos promove a angiogénese e desempenha um papel em doenças como a artrite reumatoide, o crescimento de tumores e a cicatrização de feridas, que dependem criticamente da angiogénese.

Simonet et al (1994) estudaram ratinhos transgénicos que sobre-expressam IL-8. Verificou-se que os níveis séricos elevados de IL-8 estavam correlacionados com o aumento dos neutrófilos circulantes e com a diminuição da expressão de L-selectina na superfície dos neutrófilos do sangue. A acumulação de neutrófilos foi observada na microcirculação dos pulmões, do fígado e do baço. Não se registou extravasamento de neutrófilos, exsudação de plasma ou danos nos tecidos.

A IL-8 tem sido implicada numa série de doenças inflamatórias, como a fibrose quística, a SDRA (síndrome do desconforto respiratório do adulto), a DPOC (doença pulmonar obstrutiva crónica) e a asma. O epitélio das vias aéreas é uma das muitas fontes de IL-8 no trato respiratório, actuando como uma barreira contra os microrganismos invasores. A libertação de IL-8 do epitélio das vias respiratórias contribui para a defesa do hospedeiro, promovendo a quimiotaxia dos neutrófilos e a inflamação das vias respiratórias.

Significado clínico

A inflamação é a principal causa da dor. A bradicinina foi o primeiro mediador inflamatório reconhecido como tendo poderosas propriedades hiperalgésicas. Desde então, foram identificados vários mediadores inflamatórios capazes de produzir hiperalgesia, incluindo as prostaglandinas, os leucotrienos, a serotonina, a adenosina, a histamina, a IL-1, a IL-8 e o NGF (fator de crescimento dos nervos).

As citocinas são produzidas pelos leucócitos em resposta à exposição a toxinas bacterianas ou a fármacos inflamatórios. Foi também demonstrado que a IL-8 produz hiperalgesia dependente do sistema simpático, que não parece ser tratada com prostaglandina.

Em 1992, foi demonstrado que a IL-8 é um fator angiogénico. Kitadai et al. encontraram níveis elevados de IL-8 em seis de oito células e linhas de carcinoma e em 32 de 39 amostras de carcinoma gástrico, em comparação com controlos da mucosa normal. Os níveis de IL-8 estavam fortemente correlacionados com a vascularização da amostra. Lingen et al. demonstraram que a IL-8 era um importante indutor de neovascularização no carcinoma de células escamosas. A IL-8 também desempenha um papel importante noutros tipos de cancro, mediando a angiogénese e a tumorigénese. A IL-8 é produzida por uma vasta gama de células cancerosas humanas, incluindo as do cólon, do melanoma, da próstata, do ovário e da mama.

A IL-8 e as doenças inflamatórias e os efeitos pró-inflamatórios da IL-8

A IL-8 é uma quimiocina pró-inflamatória que responde ao stress oxidativo, libertada pelas células epiteliais após o stress oxidativo induzido por partículas, levando a um influxo de neutrófilos e à inflamação. A IL-8 é um potente quimioatractor e ativador dos neutrófilos, cuja transcrição depende do NF-κB.

Os estímulos pró-inflamatórios são considerados um dos principais reguladores dos níveis de IL-8 em resposta a lesões. A IL-8 está envolvida em muitos processos de cicatrização de feridas. Não só actua como um fator quimiotático para leucócitos e fibroblastos, como também estimula a diferenciação de fibroblastos em miofibroblastos e promove a angiogénese.

A IL-8 é uma citocina pró-inflamatória que é regulada por vários estímulos de stress celular. As células humanas caracterizam-se pela sua capacidade marcada de variar os níveis de expressão da IL-8, o que permite modular a concentração desta citocina para controlar o grau de infiltração de neutrófilos nos tecidos lesionados. A expressão de IL-8 é regulada tanto a nível transcricional como pós-transcricional, e as principais vias MAPK (p38, MEK1/2 e JNK) desempenham um papel importante na libertação de IL-8 durante o processo inflamatório.

Melhoria da cicatrização da córnea

A indução de IL-8 facilita uma resposta imune inata precoce à infeção no estroma da córnea e representa um mecanismo de defesa elementar na cicatrização de feridas da córnea. Melhora a cicatrização de feridas ao quimioatrair rapidamente leucócitos e fibroblastos para o local da ferida, estimulando estes últimos a diferenciarem-se em miofibroblastos. Por sua vez, os miofibroblastos são essenciais para a contração e encerramento da ferida e para a produção de moléculas da matriz extracelular, levando ao desenvolvimento de tecido de granulação.

O papel do PDGF na cicatrização de feridas da córnea e na quimiotaxia de neutrófilos mediada por IL-

8 foi previamente documentado. O PDGF aumenta a cicatrização de feridas através da rápida quimioatracção de leucócitos e fibroblastos para o local da ferida, onde o PDGF duplica a secreção de quimiocinas IL-8 nos fibroblastos da córnea humana, indicando que a IL-8 está envolvida na cicatrização de feridas da córnea mediada pelo PDGF. Foi demonstrado que os queratócitos e as células epiteliais da córnea humana sintetizam e libertam IL-8 após estimulação com citocinas e/ou infeção.

3 IL-8 e outras doenças inflamatórias

Proliferação na artrite

A IL-8 pode ter importância clínica na psoríase e na artrite reumatoide. Observam-se concentrações elevadas nas escamas psoriáticas, o que poderia explicar a elevada taxa de proliferação observada nestas células. A IL-8 pode também ser um marcador de vários processos inflamatórios.

A IL-8 (bem como a IL-1 e a IL-6) desempenha provavelmente um papel na patogénese da poliartrite crónica, uma vez que se encontram quantidades excessivas deste fator nos fluidos sinoviais. A ativação dos neutrófilos pode promover a migração de células para os capilares das articulações. Pensa-se que estas células passam através dos capilares para os tecidos circundantes, causando um fluxo constante de células inflamatórias para as articulações.

Papel na síndrome mielodisplásica

A IL-8 recombinante humana demonstrou que a lesão responsável pela função defeituosa dos neutrófilos em doentes com síndrome mielodisplásica pode ser restaurada sem estimular as células progenitoras mielóides. A IL-8 pode, portanto, reduzir o risco de infecções fatais nestes doentes sem o risco potencial de estimular clones leucémicos.

Lesões da mucosa gástrica e progressão do cancro

Na mucosa gástrica humana, níveis elevados de ROS estão associados à infeção por Helicobacter pylori e conduzem a danos oxidativos no ADN da mucosa gástrica, contribuindo para os danos na mucosa e promovendo a carcinogénese. A infeção por H. pylori está também associada a um aumento da expressão de citocinas da mucosa gástrica, nomeadamente IL-8 e TNF-a.

O TNF-a é um mediador endógeno da estimulação de citocinas pró-inflamatórias e pode induzir ROS e estimular a indução de vários genes envolvidos na inflamação, incluindo a IL-8. A IL-8 é um importante mediador da infiltração de neutrófilos associada ao H. pylori e da inflamação gástrica. Os ERO modulam a secreção de IL-8 nas células epiteliais gástricas, sugerindo que a expressão do gene da IL-8 na mucosa gástrica é sensível à redox.

Embora tenha sido descrito um papel regulador do TNF-a na reparação das células epiteliais, está bem estabelecido que o TNF-a estimula a IL-8 e contribui para a lesão e apoptose das células epiteliais.

Aumento do fluido do LBA na DPI e na DPOC

Na LPA humana (lesão pulmonar aguda), a infiltração de neutrófilos é um evento fisiopatológico precoce e importante, e a IL-8 parece desempenhar um papel importante na mediação deste processo. A investigação clínica demonstrou níveis aumentados de IL-8 no soro e no líquido de lavagem broncoalveolar (LBA) de doentes com LPA. O aumento dos níveis de IL-8 no fluido BAL prevê o desenvolvimento de LPA em populações de doentes de risco e está associado a um aumento da mortalidade em doentes com LPA. Em modelos animais de LPA, a administração de anticorpos contra a IL-8 confere proteção. A IL-8 também é produzida pelo epitélio respiratório.

Estudos com macrófagos alveolares, células U937, monócitos isolados do sangue periférico e do sangue humano mostraram que a hiperóxia modula a expressão do gene IL-8. O stress oxidativo, para além da hiperóxia, já foi descrito como indutor da expressão de IL-8 em células epiteliais respiratórias. DeForge et al. e Lakshminarayanan et al. mostraram que a hiperóxia isolada tinha um efeito mínimo na expressão do gene IL-8. No entanto, a combinação de hiperóxia e TNF-a aumentou sinergicamente a expressão do gene IL-8.

O fumo do cigarro na DPOC (doença pulmonar obstrutiva crónica) também pode induzir a inflamação das vias respiratórias. Foi demonstrado que ativa os factores de transcrição pró-inflamatórios NF-κB e a proteína activadora (AP)-1 e aumenta a expressão de TNF-a e IL-8, mediadores pró-inflamatórios associados à DPOC.

Prevenção de danos nas células epiteliais do pulmão

Os níveis de TNF-a estão marcadamente elevados no fluido do BAL de doentes com ARDS, e os níveis de TNF-a estão associados a níveis aumentados de IL-8. O TNF-a é um importante indutor da expressão de IL-8 nas células epiteliais do pulmão. Foi demonstrado que os anticorpos que neutralizam a IL-8 previnem a lesão pulmonar em modelos animais de doença pulmonar, indicando que a IL-8 é um importante mediador da lesão pulmonar. A expressão do gene IL-8 é induzida por uma grande variedade de agentes, incluindo citocinas, factores de crescimento, produtos bacterianos e virais, oxidantes e outros. A indução da expressão do gene IL-8 está sujeita a regulação transcricional e pós-transcricional específica da célula/tecido e do estímulo.

Nas células epiteliais do pulmão, o TNF-a ativa a atividade do promotor da IL-8 através do recrutamento do NF-κB para um elemento de resposta ao TNF-a, o que é consistente com o papel dos mecanismos de transcrição na indução da expressão do gene da IL-8 nas células epiteliais do pulmão.

Sinalização na fibrose quística

A IL-8 impulsiona a resposta inflamatória na fibrose quística (FC), uma doença autossómica recessiva causada por mutações no gene que codifica o regulador da condutância transmembranar da fibrose quística (CFTR).

O fluido do LBA de doentes com FC contém níveis aumentados de citocinas pró-inflamatórias e neutrófilos. Os níveis de IL-8 são atribuídos à ativação DO NF-κB. A prostaglandina E2 (PGE-2) é um potente mediador da inflamação produzido pela cicloxigenação do ácido araquidónico e a sua hipersecreção conduz a uma secreção elevada de IL-8 através de uma via de sinalização não identificada.

Nos linfócitos T humanos, a PGE-2 induz o fator de transcrição proteína homóloga C/EBP (CHOP), que se liga ao promotor da IL-8. A CHOP é uma proteína GADD153 (gene 153 de paragem do crescimento e induzível por danos no ADN). A PGE-2 medeia a resposta inflamatória da IL-8 nas células da FC através do fator de transcrição CHOP. A resposta inflamatória na FC contribui para a destruição dos pulmões pelos neutrófilos. Várias citocinas, tais como IL-1b, TNF-a, IFN-5 e produtos bacterianos, induzem a libertação de IL-8 das células epiteliais das vias respiratórias, exacerbando assim o meio inflamatório básico da fibrose quística.

Grande parte da PGE-2 nas vias aéreas tem provavelmente origem no epitélio, e a estimulação da secreção de cloreto nas células epiteliais das vias aéreas por mediadores pró-inflamatórios, como a bradicinina (BK), ocorre através da libertação induzida de PGE-2. Além disso, a BK induz a secreção de

IL-8 nos epitélios das vias aéreas humanas sem FC e com FC.

Concentrações fisiológicas e patológicas de até 100 mM de PGE-2 aumentam a expressão endógena de IL-8 em células epiteliais intestinais humanas e aumentam a produção de IL-8 em fibroblastos sinoviais humanos estimulados por IL-1b.

Expressão aumentada na asma

A IL-8 desempenha um papel importante nas doenças pulmonares inflamatórias, como a asma brônquica ou as infecções graves pelo vírus sincicial respiratório (VSR), e na infância pode levar ao desenvolvimento de sibilância recorrente e/ou asma brônquica. Observam-se concentrações elevadas de IL-8 no fluido BAL e na expetoração de doentes asmáticos. Além disso, a administração repetida de IL-8 nas vias respiratórias induz hiperreactividade brônquica em cobaias. Foi descrita uma associação genética entre a IL-8 e a asma e a bronquiolite por VSR.

A IL-8 liga-se com elevada afinidade a dois receptores diferentes: O recetor a da IL-8 (IL-8RA, CXCR1) e o recetor P (IL-8RB, CXCR2). Estas proteínas fortemente ligadas são membros da superfamília de receptores, que se ligam a proteínas de ligação a nucleótidos de guanina. A IL-8RA está localizada no cromossoma 2q35, onde foi descrita uma associação com os níveis séricos totais de IgE em asmáticos. Foi recentemente descrita a associação dos polimorfismos da IL-8RA com a asma e a doença pulmonar obstrutiva crónica. No entanto, os polimorfismos da IL-8RA não desempenham um papel importante no desenvolvimento de infecções graves por RSV ou na asma.

Aumento da expressão na mucosa do cólon na doença inflamatória intestinal

A IL-8 é produzida na lâmina própria do cólon de doentes com doença inflamatória intestinal. Não existem diferenças nas concentrações de proteína IL-8 entre a mucosa inflamada de doentes com doença de Crohn ou colite ulcerosa. A IL-8 é, por conseguinte, incapaz de diferenciar entre estas duas entidades patológicas. As concentrações de ARNm e de proteína da IL-8 na mucosa estão correlacionadas com o grau de inflamação. O ARNm da IL-8 é altamente expresso pelas células inflamatórias intestinais, mas não pelas células epiteliais intestinais, o que sugere que quase toda a IL-8 é produzida pelas células inflamatórias intersticiais.

A doença inflamatória intestinal é caracterizada por um desequilíbrio no sistema imunitário intestinal, com uma mudança para mediadores pró-inflamatórios. Entre as citocinas pró-inflamatórias, a IL-8, a IL-I e o fator de necrose tumoral desempenham um papel importante.

A IL-8 é sintetizada por várias linhas celulares de cancro do cólon, como as células HT-29 ou as células Caco-2. Foi igualmente demonstrado que células epiteliais intestinais normais isoladas podem sintetizar IL-8.

Foi descrito um aumento da síntese de IL-8 na mucosa de doentes com doença inflamatória intestinal. Enquanto Mahida e colegas encontraram concentrações aumentadas de IL-8 nos tecidos da mucosa principalmente em doentes com colite ulcerosa, mas não em doentes com doença de Crohn, Izzo et al. detectaram concentrações aumentadas de IL-8 também na mucosa do cólon de doentes com doença de Crohn.

Favorecer a patogénese da endometriose

A IL-8 é representante do grupo das a-quimiocinas e é um fator quimiotático e angiogénico. Actua como um fator autócrino e parácrino no endométrio e regula numerosos processos fisiológicos, como a menstruação e a remodelação endometrial. A IL-8 também contribui para a patogénese da endometriose, promovendo um círculo vicioso de fixação das células endometriais, invasão, proteção imunitária, crescimento celular e secreção adicional.

A presença de inflamação e neovascularização observada nos implantes endometriais ectópicos e à sua volta, bem como a presença de neutrófilos inflamatórios nestas lesões, são consistentes com as acções biológicas da IL-8. A IL-8 é detetável no fluido peritoneal da maioria das mulheres com um ciclo ovárico ativo e é um constituinte normal do fluido peritoneal em mulheres com e sem endometriose. A concentração de IL-8 no líquido peritoneal era mais elevada nas mulheres com endometriose do que nas que não tinham endometriose, e esta diferença era estatisticamente significativa, tal como anteriormente referido.

Os macrófagos no sangue periférico de pacientes com endometriose produziram níveis aumentados de IL-8. Em mulheres com endometriose precoce (estádio 1 da American Fertility Society), as concentrações de IL-8 são muito mais elevadas do que em mulheres com estádios mais avançados da doença. Isto sugere que a IL-8 está envolvida na indução da doença, e é concebível que outras quimiocinas estejam envolvidas na fase crónica da endometriose. Há uma série de potenciais fontes celulares de IL-8 na endometriose. Foi observado um aumento da produção por macrófagos peritoneais, mas as células normais da glândula endometrial e as células do estroma também produzem IL-8, que pode ser potenciada por mediadores pró-inflamatórios. No endométrio normal não grávido, verificou-se que a IL-8 estava localizada na região perivascular, o que sugere um papel direto nas células endoteliais, bem como uma função de estímulo quimiotático fixo para os leucócitos circulantes.

Disco intervertebral na origem da dor lombar

O NP (núcleo pulposo) humano produz IL-8. Quantidades significativas de IL-6, IL-8 e PGE2 foram produzidas pelos grupos de ciática e dor lombar.

Burke et al. investigaram a produção de mediadores inflamatórios nos tecidos discais de um grupo semelhante de doentes e compararam os níveis de IL-6, IL-8 e PGE2 nos tecidos discais de doentes submetidos a discectomia por dor ciática com os de doentes submetidos a fusão por dor lombar discogénica, o que demonstrou que os discos de doentes com dor lombar produzem mais IL-6, IL-8 e PGE2 do que os discos de doentes com dor ciática. Verificou-se uma tendência para uma menor exposição a NP no grupo com dor lombar apenas, em comparação com o grupo com ciática, o que introduziu uma tendência para níveis mais elevados de produção de mediadores neste último grupo.

Os níveis de produção de IL-6 e IL-8 nas categorias AI e EXT de discos de dor lombar são muito mais elevados do que os observados em doentes com ciática. A combinação da inervação da PN com o aumento da produção de mediadores pró-inflamatórios sugere que o mecanismo da dor lombar discogénica pode ser a indução de hiperalgesia na PN degenerativa recentemente inervada. Sabe-se que a IL-8 e a PGE2 induzem hiperalgesia [46].

4 IL-8 e cancro

Os efeitos generalizados do aumento da atividade da IL-8 na patogénese dos tumores fazem dela um alvo terapêutico único no tratamento do cancro. Por exemplo, a IL-8 promove o crescimento tumoral, a angiogénese e a metástase em modelos de ratinho de vários tipos de cancro. Além disso, o bloqueio da atividade da IL-8 com um anticorpo monoclonal demonstrou reduzir o crescimento tumoral em dois modelos de cancro em ratos. O bloqueio da expressão da IL-8 em certas linhas celulares de melanoma humano utilizando ARN anti-sentido demonstrou que a IL-8 funciona como um modulador autócrino do crescimento destas células.

Forte expressão no cancro do ovário

A IL-8 é expressa em níveis elevados nas células do cancro do ovário, onde a sua expressão se correlaciona com a tumorigenicidade. A IL-8 está sobre-expressa na maioria dos cancros humanos, incluindo o carcinoma do ovário. A indução da expressão de IL-8 é principalmente mediada pelo fator de transcrição NF-κB; contudo, as vias Src/transdutor de sinal e ativador da transcrição 3 (Stat3) podem também promover a produção de IL-8 independentemente do NF-κB. A expressão tumoral elevada de IL-8 é significativa no cancro do ovário, estando associada a um estádio avançado do tumor e a um grau tumoral elevado. Quanto mais elevado for o nível de IL-8, mais baixa é a taxa de sobrevivência. A sobreexpressão da IL-8 no cancro do ovário está associada a uma diminuição da sobrevivência dos doentes e é um fator de prognóstico independente para um mau resultado clínico. A terapia orientada com IL-8 siRNA-DOPC em combinação com quimioterapia reduziu eficazmente o crescimento tumoral em modelos de cancro do ovário sensíveis e resistentes à quimioterapia. Estes efeitos antitumorais devem-se provavelmente a uma redução dos factores pró-angiogénicos presentes no microambiente tumoral, levando a uma diminuição da angiogénese e da proliferação de células tumorais após o silenciamento da expressão de IL-8. A IL-8 pode ser um potencial alvo terapêutico no cancro do ovário. A sobreexpressão da IL-8 é registada em muitos tumores malignos e está frequentemente associada a um mau resultado clínico.

Vários estudos examinaram a utilidade da IL-8 como marcador de diagnóstico ou prognóstico em doentes com cancro do ovário. Por exemplo, o aumento da expressão de IL-8 no líquido do quisto do ovário, ascite, soro e tecido tumoral de doentes com cancro do ovário está associado a cancros de alto grau e avançados, bem como a uma diminuição da sobrevivência dos doentes relacionada com a doença. Coletivamente, estes dados apoiam o objetivo da IL-8 como abordagem terapêutica para o carcinoma do ovário.

A diminuição da expressão de IL-8, particularmente quando combinada com quimioterapia à base de taxano, resultou numa redução estatisticamente significativa do crescimento do tumor ortotópico. Xu e Fidler referiram que a sobreexpressão da IL-8 estava diretamente associada ao aumento da vascularização do tumor e à proliferação de células tumorais no carcinoma do ovário.

Reforço do mecanismo do cancro no melanoma

No melanoma, o aumento dos níveis de IL-8 está associado a um aumento da angiogénese tumoral; inversamente, ocorreu uma redução da densidade dos microvasos tumorais após o tratamento com um anticorpo anti-IL-8. Foi também demonstrado que a IL-8 aumenta a proliferação das células tumorais, prolonga a sobrevivência das células endoteliais humanas e aumenta a sua capacidade de formar túbulos, apoiando a teoria de que os efeitos pró-angiogénicos da IL-8 se devem à ativação das células tumorais e endoteliais.

Os membros da família de proteínas MMP promovem a angiogénese dos tumores, bem como o descolamento, a invasão e a metástase das células, e pensa-se que alguns membros da família MMP, nomeadamente a MMP-2 e a MMP-9, são regulados pela expressão de IL-8. A IL-8 induz a expressão de MMP-2 e MMP-9 em linhas celulares de cancro da bexiga e de melanoma, o que demonstrou aumentar a invasão das células tumorais in vitro.

Aumento da expressão de VEGF e neuropilina no cancro do pâncreas

A IL-8 está sobre-regulada no cancro e nas doenças inflamatórias crónicas do pâncreas. Está ligada à tumorigénese do cancro do pâncreas principalmente através da sua regulação da angiogénese e das metástases. A proliferação e a angiogénese das células endoteliais da veia umbilical humana (HUVEC) aumentam quando estas são cocultivadas com células cancerígenas pancreáticas ou com IL-8 exógena. O aumento da proliferação celular e da angiogénese das HUVEC pode ser bloqueado por anticorpos neutralizantes da IL-8.

A IL-8 está associada à doença pancreática crónica. Está sobre-expressa na maioria dos tecidos de cancro pancreático humano. Níveis mais elevados de IL-8 no soro de doentes com cancro pancreático estão associados a uma perda de peso significativa. Os níveis de expressão da IL-8 parecem estar correlacionados com o potencial tumorigénico e metastático num modelo de xenoenxerto ortotópico. Além disso, o tratamento com IL-8 exógena aumenta a invasividade das células cancerosas pancreáticas humanas, enquanto o bloqueio da IL-8 inibe o crescimento de outra célula cancerosa pancreática humana. O bloqueio da IL-8 nas células cancerosas pancreáticas diminuiu o seu crescimento e a sua capacidade de se ligarem às células endoteliais, sugerindo que a IL-8 é um importante fator mitogénico autócrino para a metástase.

A expressão de IL-8 pode ser induzida por uma série de estímulos, incluindo lipopolissacárido, forbol 12-miristato 13-acetato (PMA), IL-1 e TNF. Vários factores de stress, como a hipoxia, a acidose, o óxido nítrico (NO) e a densidade celular, também influenciaram significativamente a produção de IL-8 nas células cancerosas pancreáticas humanas.

A IL-8 está envolvida na via da hipóxia do cancro, em que a sua expressão é regulada pelo fator 1 induzido pela hipóxia (HIF-1), pelo NF-κB e pelo KRAS. A sobreexpressão da IL-8 no cancro do pâncreas aumenta a atividade da MMP-2 e desempenha um papel importante na invasividade do cancro do pâncreas humano, estando o cancro do pâncreas humano associado a um aumento da expressão da IL-8.

A IL-8 é uma citocina pró-antigénica que promove a disseminação de metástases distantes por neovascularização e promove a sobrevivência da massa tumoral em geral, mantendo uma rede capilar rica para satisfazer as elevadas necessidades nutricionais deste cancro agressivo. O bloqueio da IL-8 e do recetor CXCR2 da IL-8 inibiu significativamente a angiogénese.

A IL-8 e o VEGF são componentes importantes da resposta celular à hipóxia, um fenómeno comum no cancro, incluindo o melanoma humano, o cancro do cólon e o cancro do pâncreas. A IL-8 actua como um fator direto de crescimento e sobrevivência das células cancerosas do pâncreas, e a IL-8, enquanto regulador versátil da expressão genética, pode regular múltiplas vias, incluindo a angiogénese, as metástases e a resposta à hipóxia no cancro do pâncreas.

Expressão nos compartimentos neuroendócrino e não neuroendócrino do cancro da próstata

Moore et al. demonstraram que a IL-8 é um regulador positivo da formação de tumores na imunodeficiência combinada grave (SCID) em ratos injectados com a linha celular de cancro da próstata PC-3. Os doentes com cancro da próstata apresentam níveis séricos elevados de IL-8, que se correlacionam com o estádio da doença. Além disso, no cancro da próstata, os níveis séricos de IL-8 foram determinados como uma variável de prognóstico independente dos níveis séricos de antigénio específico da próstata (PSA) livre e total. A utilização combinada do rácio de PSA livre e total e dos níveis de IL-8 revelou-se mais precisa na distinção entre cancro da próstata e hiperplasia benigna da próstata.

No cancro da próstata, os níveis séricos de IL-8 aumentam com a progressão da doença. A linha celular 3 do cancro da próstata exprime e segrega IL-8 e exprime os receptores CXCR1 e CXCR2 da IL-8. A IL-8 é um fator mitogénico e angiogénico. A linha celular LNCaP não exprime IL-8, mas a seleção das células num ambiente privado de androgénios levou ao aparecimento de uma linha celular que produz IL-8 e é mais tumorigénica do que as células parentais.

O recetor CXCR1 da IL-8 raramente é expresso em células epiteliais benignas, a sua expressão está aumentada na PIN (neoplasia pancreática invasiva) e um aumento adicional no tumor invasivo sugere um mecanismo parácrino através do qual a IL-8 produzida por células tumorais NE pode promover a proliferação de células tumorais não-NNE na ausência de androgénio.

Fator metastático no cancro da mama

O estado do recetor de estrogénio (ER) é um parâmetro importante no tratamento do cancro da mama, uma vez que os cancros da mama ER-positivos têm um melhor prognóstico do que os tumores ER-negativos. A IL-8 está sobre-expressa na maioria das linhas celulares da mama e do ovário ER-negativas e no cancro da mama, ao passo que não se encontram níveis significativos de IL-8 nas linhas celulares da mama ou do ovário ER-positivas. A IL-8 é considerada um potencial fator de metastização no cancro da mama. A IL-8 está presente não só em mamas normais, mas também em mamas cancerosas.

As metástases são a principal causa de morte no cancro da mama humano, o que sugere que a invasividade está associada à ausência de ER e a alterações na expressão de IL-8. No entanto, não existe correlação entre a expressão de ER e os níveis de IL-8, o que indica que o ERa, o principal recetor de estrogénio nas células cancerígenas da mama e do ovário ER-positivas, é o recetor associado à expressão de IL-8. Os doentes com cancro recorrente da próstata, da mama ou dos ovários apresentam níveis mais elevados de IL-8 no soro ou nos leucócitos do sangue periférico e no tecido canceroso. Vários estudos mostram que a expressão da IL-8 nos tumores da mama é idêntica nos tecidos normais e cancerosos.

No que respeita aos receptores de IL-8, a expressão de CXCR1 é extremamente baixa em todas as linhas, enquanto a maioria das células apresenta uma boa expressão de CXCR2, sem correlação com o estado do ER. O CXCR1 e o CXCR2, codificados por dois genes distintos, são expressos na maioria das células cancerosas, sem correlação aparente com o grau do tumor.

A expressão exógena de IL-8 duplica a taxa de invasão de células de cancro da mama ER-positivas, sem afetar a taxa de proliferação in vitro destas células, demonstrando o papel pró-invasivo da IL-8. Quando a IL-8 é transfectada em células cancerosas, observa-se tanto a inibição como a promoção do tumor in vivo, dependendo do tipo de célula.

BEV (vírus Epstein Barr) e NPC (tumor nasofaríngeo)

Várias quimiocinas segregadas pelas células de CNF infectadas com EBV aumentam durante a reativação do EBV no ciclo lítico, sendo a IL-8 a mais fortemente regulada.

O tipo histológico mais comum de NPC está intimamente associado à infeção pelo vírus Epstein-Barr (EBV). O NPC apresenta várias caraterísticas inflamatórias no tecido tumoral, incluindo uma intensa infiltração de leucócitos, uma expressão abundante de citocinas inflamatórias e a ativação constitutiva de factores de transcrição associados à inflamação. Foi demonstrada a expressão de várias quimiocinas nos tumores de CNF, incluindo IL-8, proteína inflamatória de macrófagos (MIP), proteína quimioatraente de macrófagos (MCP) e RANTES.

A reativação do EBV nas células NPC está associada à indução de determinadas quimiocinas, sendo a IL-8 regulada de forma mais significativa e consistente.

Os neutrófilos entram primeiro no tecido inflamado e depois produzem uma variedade de quimiocinas que podem direcionar o recrutamento sequencial de outros leucócitos. Por conseguinte, ao recrutar primeiro os neutrófilos, a IL-8 pode desencadear o afluxo subsequente de leucócitos para o NPC. Nomeadamente, a infiltração de neutrófilos de origem tumoral mediada pela IL-8 tem sido associada a um mau prognóstico no carcinoma bronquíolo-alveolar e a um aumento da instabilidade genética nos tumores Mutatect, sugerindo que os neutrófilos atraídos pela IL-8 podem contribuir para a tumorigénese.

A IL-8 está associada ao nível de vascularização no NPC. Além disso, o NPC é um cancro altamente metastático e a IL-8 pode estar envolvida no fenótipo, uma vez que pode promover a invasão tumoral ou a metástase através da indução de determinadas metaloproteinases.

A IL-8 é um gene alvo convergente dos vírus do herpes gama nos estados de infeção latente e lítica. O EBV utiliza a proteína lítica Zta e a proteína latente LMP1 para induzir a expressão de IL-8, enquanto o herpesvírus associado ao sarcoma de Kaposi (KSHV) pode aumentar a IL-8 através da proteína lítica K15 ou da proteína latente K13. Uma vez que o sarcoma de Kaposi associado ao KSHV também apresenta várias caraterísticas semelhantes à inflamação, a indução de IL-8 é provavelmente essencial para a "tumorigénese inflamatória" mediada pelo vírus.

O bloqueio da IL-8 ou dos receptores de IL-8 pode ser considerado como uma potencial abordagem terapêutica para o tratamento do cancro da mama ou de outros tumores malignos relacionados com a inflamação.

A IL-8, um potente fator angiogénico, pró-inflamatório e promotor de crescimento cujas propriedades podem ser partilhadas por outras quimiocinas, é também um quimioatractor para os neutrófilos e induz a expressão de várias moléculas de adesão celular. Além disso, conduz à ativação dos neutrófilos, podendo assim contribuir para a patogénese das doenças inflamatórias. A IL-8 quimioatrai especificamente vários tipos de células, o que constitui a base da inflamação. A neovascularização é uma fase crucial no crescimento de tumores e metástases. A regulação da produção de IL-8 é um mediador-chave da inflamação através do NF-κB. Os receptores de IL-8 estão amplamente expressos em células normais e em várias células tumorais.

A IL-8 induz respostas pró-inflamatórias, quimiotácticas e matriciais em numerosas patologias. A investigação futura conduzirá certamente a uma melhor compreensão da função da IL-8 em diferentes doenças. No entanto, os conhecimentos adquiridos a partir dos dados sobre a IL-8 poderão ser aplicados num futuro previsível ao tratamento das dores lombares que acompanham frequentemente a degenerescência dos discos, o que seria benéfico para o doente. Apesar dos progressos empolgantes que estão a ser feitos com a IL-8, ainda é necessário ultrapassar obstáculos técnicos significativos antes de estas abordagens se tornarem opções terapêuticas alternativas realistas aos procedimentos de intervenção cirúrgica convencionais. Os estudos destinados a compreender a expressão do gene da IL-8 em diferentes tipos de células poderão conduzir a novas terapêuticas concebidas para aumentar ou inibir a produção de IL-8. Muitas questões permanecem sem resposta sobre a IL-8 e a inflamação. Uma análise mais aprofundada do papel dos diferentes subgrupos que expressam IL-8 permitir-nos-á compreender melhor esta citocina [46].

Relação entre IL-8 e pancreatite aguda

A IL-8 actua como ativador de neutrófilos e como quimioatractor. O produto genético regulado pelo crescimento/quimioatractor de neutrófilos induzido por citocinas (GRO/CINC)-1 em ratos corresponde à IL-8 em humanos. O GRO/CINC-1 é constituído por 72 aminoácidos homólogos a péptidos humanos com actividades promotoras do crescimento do melanoma, indicando que o GRO/CINC-1 tem homologia estrutural e funcional com a IL-8 humana. O GRO/CINC-1 ou a IL-8 são expressos em modelos experimentais como a úlcera gástrica, a isquémia-reperfusão hepática e a pancreatite aguda.

Nos seres humanos, os níveis séricos de IL-8 são considerados um indicador precoce da gravidade da doença e das complicações da pancreatite aguda. Um anticorpo neutralizante da IL-8 inibiu a resposta das citocinas e a lesão pulmonar aguda na pancreatite aguda experimental. Embora a expressão do ARNm da IL-8 tenha sido recentemente descrita na pancreatite crónica humana, o papel da IL-8 na patogénese da pancreatite crónica permanece pouco claro. No contexto clínico, é muitas vezes difícil obter tecido de pancreatite crónica, particularmente amostras cirúrgicas. A pancreatite obstrutiva é uma forma específica de pancreatite causada pela obstrução do ducto pancreático principal por tumores ou outras causas. A pancreatite obstrutiva é diferente da pancreatite crónica causada por abuso de álcool ou colelitíase. A análise da expressão da IL-8 na pancreatite obstrutiva poderia permitir uma melhor compreensão da importância da IL-8 na patogénese da pancreatite crónica ou da fibrose pancreática.

As principais etiologias da pancreatite crónica são o abuso de álcool e os cálculos biliares, mas a pancreatite obstrutiva desenvolve-se devido ao estreitamento ou obstrução do ducto pancreático principal por fibrose pós-inflamatória, cálculos ou tumores. Procurámos avaliar se a expressão de IL-8 está envolvida na fisiopatologia da pancreatite obstrutiva.

Em relatórios anteriores, a principal fonte de IL-8 foram as células inflamatórias, incluindo os neutrófilos. Saurer et al. demonstraram que o ARNm da IL-8 é expresso em células acinares, ductais e infiltrantes na pancreatite crónica humana utilizando hibridização in situ, o que é consistente com os nossos resultados. No entanto, não estudaram a expressão da proteína IL-8. Foram registados resultados diferentes para a proteína IL-8 e o ARNm na doença hepática alcoólica. No presente estudo, demonstrámos claramente que a expressão da proteína IL-8 está aumentada nos lóbulos pancreáticos com alterações histopatológicas de pancreatite obstrutiva. A distribuição da proteína IL-8 correspondeu à do ARNm da IL-8. A IL-8 está, portanto, claramente expressa na pancreatite obstrutiva, ao passo que não está presente em pâncreas normais ou no cancro pancreático. Noutras doenças crónicas humanas, incluindo a fibrose pulmonar idiopática e a fibrose quística, o aumento da expressão da IL-8 tem sido associado à fibrose. Embora não tenha sido provada uma ligação direta entre a IL-8 e a fibrose pancreática, Andoh et al. referiram que o TNF-alfa e a IL-1beta regulam a produção de IL-8 nos miofibroblastos periacinares do pâncreas e que a maioria dos infiltrados positivos para IL-8 se localizavam perto de áreas fibróticas.

A expressão de IL-8 está relacionada com a atividade histológica da inflamação na doença inflamatória intestinal. No caso do pâncreas, a expressão do gene IL-8 no parênquima pancreático é frequentemente observada nas fases avançadas da doença. Os nossos resultados não confirmam totalmente esta relação. No presente estudo, a IL-8 foi expressa predominantemente nas células acinares na pancreatite obstrutiva ligeira, enquanto a sua expressão estava aumentada nas células intersticiais infiltrantes na pancreatite obstrutiva moderada e grave, sugerindo que o tipo de células que expressam IL-8 difere de acordo com o grau histológico da pancreatite obstrutiva. Estas diferenças poderiam ser explicadas pelas etiologias da pancreatite. O estudo de Saurer centrou-se principalmente na pancreatite alcoólica crónica, enquanto o nosso estudo se centrou na pancreatite obstrutiva.

Pensa-se que o importante mecanismo inicial de fibrose progressiva na pancreatite obstrutiva crónica é o aumento da pressão ductular e a lesão acinar que liberta citocinas pró-inflamatórias locais que estimulam as células estreladas peri-acinares para acelerar a fibrose pancreática. As experiências com animais e alguns estudos clínicos mostram que a pancreatite obstrutiva pode ser reversível se a obstrução for removida. Esta reversibilidade poderia explicar em parte a alteração da fonte de IL-8 durante o desenvolvimento da fibrose.

A sobreexpressão de IL-8 no cancro do pâncreas é predominante nas regiões expostas à hipoxia após implantação ortotópica no pâncreas de ratinhos nude. Durante o desenvolvimento e a progressão do cancro pancreático, a expressão da iNOS e a nitração da proteína tirosina aumentam, indicando o potencial envolvimento do stress oxidativo. A sobreexpressão da iNOS foi registada na pancreatite crónica humana. Também foi descrita uma associação significativa entre NO e IL-8 na doença pulmonar obstrutiva crónica humana. A nossa hipótese é que a indução de IL-8 está associada ao stress oxidativo na pancreatite obstrutiva.

A fisiopatologia da dor na pancreatite crónica ainda não está totalmente esclarecida, mas foi recentemente referido que a IL-8 é expressa nos macrófagos que rodeiam os nervos pancreáticos aumentados. A substância P é libertada pelos nervos pancreáticos sensoriais e estimula diretamente a libertação de IL-8 pelos macrófagos. Esta interação entre as células inflamatórias e os nervos poderia ser designada por "conversa cruzada neuro-imune" e poderia estar envolvida na geração de dor na pancreatite crónica. O nosso estudo, que mostra a evolução da fonte de IL-8 em diferentes tipos de células durante a pancreatite obstrutiva, sugere um papel para a IL-8 na manutenção intrínseca da resposta inflamatória, sustentando assim a progressão da pancreatite obstrutiva.

Em conclusão, este estudo mostra que a IL-8 é expressa no pâncreas de pacientes com pancreatite obstrutiva com diferentes locais de expressão dependendo do grau de fibrose pancreática [47].

5 Tema de investigação: polimorfismo do gene IL-8 na pancreatite aguda biliar e não biliar (48)

Embora a pancreatite aguda (PA) seja uma inflamação aguda do pâncreas e afecte o tecido peripancreático e os órgãos circundantes, a incidência global é de 12-73/100.000 [1]. Nos países desenvolvidos, as causas mais comuns de PA são a obstrução por um cálculo biliar no ducto biliar comum (38%) e o consumo de álcool (36%) [2,3]. Outros factores etiológicos podem ser classificados como divisão pancreática, hipercalcémia, pós-ERCP (colangiopancreatografia retrógrada endoscópica), reacções medicamentosas idiocêntricas, hipertrigliceridemia, traumatismos, infecções, hereditariedade, traumatismo abdominal, isquémia, autoimunidade e idiopatia [4]. No presente estudo, classificámos a PA em pancreatite aguda biliar (PAB) e pancreatite aguda não biliar (PANB), dependendo da sua etiologia.

O início súbito de dor epigástrica, um aumento superior a três vezes nos valores séricos de amilase e lipase e os resultados de ecografia (USG), tomografia computorizada (CT) e ressonância magnética (MRI) de pelo menos duas indicações pancreáticas acima mencionadas são necessários para o diagnóstico de AP [5,6]. De acordo com a classificação revista de Atalanta, na qual as formas edematosa e necrosante são clinicamente separadas, a doença é classificada como ligeira, moderada ou grave. Embora a incidência de pancreatite grave seja de 20%, a taxa de mortalidade dos doentes é de apenas 5%. A taxa de mortalidade aumenta com as condições necróticas infectadas. Enquanto a lesão de órgãos e as complicações locais são raramente observadas em doentes com pancreatite ligeira, são mais comuns na pancreatite moderada [6,7]. Em termos da fisiopatologia da PA, a indicação mais amplamente observada é uma resposta inflamatória local/sistémica devido à atividade prematura da tripsina que leva à autodigestão do tecido pancreático [8]. Não se chegou a um consenso completo relativamente à fisiopatologia e aos factores pró-inflamatórios examinados [9,10]. A quimiocina IL-8 tem sido avaliada no desenvolvimento e na gravidade da resposta inflamatória. As quimiocinas são divididas em quatro subfamílias, com base na presença de quatro resíduos de cisteína em locais conservados na estrutura primária e no facto de os dois resíduos de cisteína aminoterminais serem adjacentes ou separados por outro aminoácido. As quatro subfamílias são CXC, CC, C e CX3C. Até à data, a IL-8 pertence principalmente ao subgrupo CXC [11]. No entanto, numerosos estudos mostraram resultados divergentes devido à heterogeneidade. Estudos determinaram que a expressão de IL-8 aumenta em doentes com pancreatite aguda, com uma sensibilidade de 100%, especificidade de 81% e exatidão de 88% no diagnóstico de pancreatite aguda nas primeiras 24 horas [12,13].

A pancreatite aguda é diagnosticada com base em dados clínicos, laboratoriais e imagiológicos. Embora não exista um método de diagnóstico padrão-ouro, a amilase e a lipase libertadas pelas células acinares pancreáticas são os testes laboratoriais básicos para o diagnóstico da PA. No entanto, a proteína C-reactiva (PCR), que é um reagente de fase aguda libertado pelos hepatócitos, é um dos indicadores importantes de inflamação. O aumento da PCR nas fases iniciais da necrose pancreática é significativo como indicador da gravidade da doença. Outros parâmetros, como a alanina transaminase (ALT) e a aspartato transaminase (AST) séricas, também estão elevados; o aumento dos níveis de bilirrubina e o aumento dos níveis de leucócitos também foram estudados como parâmetros laboratoriais clínicos para a PA [2,11,14-16].

Entre as modalidades de imagiologia, os achados da TC têm desempenhado um papel importante na determinação do estádio e da gravidade da doença. A heterogeneidade da pancreatite, o tecido peripancreático e as alterações na espessura da fáscia perineal indicam os órgãos e fluidos afectados, a necrose pancreática e a presença de pseudoquistos ajudam a avaliar clinicamente a gravidade da doença [3,6].

Neste estudo, examinámos doentes com cálculos biliares ABP e ANBP e investigámos se existia uma predisposição para a AP associada ao polimorfismo do gene IL-8, em comparação com a população saudável. Além disso, examinámos se os dois grupos de doentes apresentavam polimorfismos genéticos diferentes em relação à gravidade da doença. Estudámos parâmetros laboratoriais, que podem ser importantes para o diagnóstico do estádio da doença, em relação aos níveis de valores séricos normais, e analisámos o significado em termos do polimorfismo IL-8 rs4073 (-251T/A).

Materiais e métodos

Entre janeiro de 2010 e setembro de 2014, os doentes diagnosticados com ABP e ANBP foram hospitalizados na Clínica de Cirurgia Geral e Gastroenterologia da Universidade Medeniyet de Istambul. Foi obtido o seu consentimento para participar na investigação genética; 83 doentes com ABP foram agrupados no grupo ABP e 93 doentes com ANBP foram agrupados no grupo ANBP. Adultos saudáveis sem história de cálculos biliares e pancreatite foram incluídos no estudo como grupo de controlo (GC - 100 indivíduos), e o seu consentimento informado para a contribuição genética foi obtido da mesma forma. Os três grupos foram estudados e comparados em termos do polimorfismo genético da IL-8.

Os doentes com dor abdominal, níveis de amilase e lipase três vezes superiores ao normal e cálculos biliares identificados na USG foram considerados como pertencendo ao grupo ABP. Os doentes com história clínica e achados laboratoriais de PA, mas sem cálculos biliares na USG, foram considerados do grupo ANBP. Para além do polimorfismo genético, foram avaliados testes laboratoriais como a contagem de glóbulos brancos, a PCR, os níveis séricos de ALT, AST, bilirrubina total e bilirrubina direta, bem como os resultados da TAC do pâncreas. Ambos os grupos de doentes foram classificados como ligeiros, moderados e graves, a fim de avaliar os polimorfismos genéticos, utilizando a classificação revista de Atlanta [6]. As amostras de sangue de todos os doentes foram estudadas e comparadas entre os grupos em termos de polimorfismo genético da IL-8. Além disso, a implementação da CPRE e a ocorrência de pancreatite recorrente apesar da colecistectomia; duas ou mais áreas com coleção de líquido na TC, a presença de um pseudocisto, o número de ataques foram estudados em termos de polimorfismos, e a significância da diferença foi analisada entre os dois grupos. O polimorfismo da IL-8 foi estudado em relação aos factores etiológicos detectados nos doentes com ANP.

Isolamento de ADN e investigação de polimorfismo genético :

As amostras de sangue periférico dos doentes e dos controlos foram colhidas em tubos com EDTA e armazenadas a -20°C. O isolamento do ADN destas amostras foi efectuado utilizando o kit comercial

Bio Basic BS684-250 (Ontário, Canadá), de acordo com o protocolo do fabricante. Para o polimorfismo IL-8 rs4073 (-251T / A), foram utilizados os seguintes iniciadores para a PCR e a amplificação de fragmentos de ADN - F (iniciador direto): 5'-CAT GAT AGC ATC TGT AAT TAA CTG, e R (iniciador inverso): 5'-CTC ATC TTT TCA TTA TGT CAG AG (archivesoforalbiology 5 8 (2 0 1 3) 2 1 1-2 1 7). Os fragmentos de PCR amplificados foram cortados pela enzima Mf II (Thermo Scientific), depois separados e analisados num gel de agarose a 2%. Foram obtidas bandas de 349 pb nos indivíduos homozigóticos TT, 349 + 202 + 147 pb nos indivíduos heterozigóticos TA e bandas de 202 e 147 pb nos indivíduos homozigóticos AA (Figura 1).

Métodos estatísticos :

Foi utilizado o programa SPSS 22.0 (IBM Corporation, Armonk, Nova Iorque, EUA) para analisar os dados.

A conformidade com a distribuição normal dos dados foi avaliada pelo teste de Shapiro-Wilk e a homogeneidade da variância foi avaliada pelo teste de Lenev. Para comparar os dois grupos independentes, foi utilizado o teste U de Mann-Whitney em conjunto com uma técnica de simulação de Monte Carlo. O teste H de Kruskal-Wallis foi utilizado com uma técnica de simulação de Monte Carlo. Para a comparação de dados categóricos, o teste do qui-quadrado de Pearson e o teste exato de Fisher foram avaliados através de uma técnica de simulação de Monte Carlo. Os dados quantitativos foram expressos em termos de mediana, intervalo (máximo-mínimo) nas tabelas. Os dados categóricos foram expressos como n (número) e percentagem (%). Os dados foram examinados com um nível de confiança de 95%, e um valor de p inferior a 0,05 foi considerado significativo.

Resultados

Estatisticamente, o polimorfismo IL-8 BPG rs4073 (-251T/A), os alelos homozigotos AA e TT foram significativamente diferentes entre os grupos ABP e ANBP, mas não foi obtida diferença significativa para os alelos heterozigotos AT. Os genótipos AA, TT e AT foram também avaliados em termos do polimorfismo responsável pela suscetibilidade à doença.

Grupo de doentes com pancreatite biliar aguda

Os grupos ABP e controlo não apresentaram diferenças estatisticamente significativas em termos do polimorfismo IL-8 rs4073 (-251T/A), genótipos e alelos homozigóticos AT, TT (tabela 1). Da mesma forma, não foi observada diferença significativa entre os sexos para o polimorfismo IL-8 (tabela 2).

De acordo com os critérios revistos de Atlanta, as pancreatites ligeira, moderada e grave também não foram significativamente diferentes em termos do polimorfismo IL-8 rs4073 (-251T/A) (tabela 2). A avaliação dos níveis séricos de amilase, lipase, AST, ALT, bilirrubina total, bilirrubina direta, leucócitos e PCR revelou que os níveis de ALT dos doentes com genótipo AA eram mais elevados do que os dos doentes com genótipo AT e TT (p=0,028; tabela 2 e figura 2).

A análise estatística revelou não haver diferença significativa entre o grupo PBA e os grupos de controlo nas seguintes caraterísticas avaliadas: doentes com a primeira doença e mais polimorfismo na pancreatite biliar aguda (p = 0,093); doentes que apresentavam espessura da fáscia perineal (p = 0,685); acumulação de líquido em duas ou mais áreas (p = 0.685); a presença de um pseudocisto (p = 0,352); doentes que não apresentavam um polimorfismo IL-8 rs4073 (-251T/A) nos resultados da TAC; Para além disso, não foram observados resultados significativos em termos do polimorfismo IL-8 rs4073 (-251T/A) em doentes pós-ERCP (p = 0,130) e em doentes com pancreatite recorrente após colecistectomia (p = 0,856) (tabela 3).

Grupo de doentes com pancreatite aguda não biliar

A análise estatística entre o grupo ANBP e o grupo de controlo também não revelou diferenças estatisticamente significativas em termos do polimorfismo IL-8 rs4073 (-251T/A), genótipos e alelos homozigóticos AA, AT, TT (p=0,837) (tabela 4). Do mesmo modo, foram observadas diferenças não significativas entre os sexos (p=0,419) e entre pancreatite ligeira, moderada e grave (p=0,188) para o polimorfismo IL-8 rs4073 (-251T/A) de acordo com os critérios revistos de Atlanta (quadro 5). A avaliação dos parâmetros laboratoriais para os níveis de amilase, lipase, AST, ALT, bilirrubina total, bilirrubina direta, leucócitos e PCR sérica revelou que o aumento dos níveis de amilase era mais elevado nos doentes com alelos homozigóticos (AA e TT) (tabela 5 e figura 3).

Não foram observadas diferenças significativas para as seguintes caraterísticas avaliadas: doentes que tiveram a primeira doença e mais em termos de polimorfismo em doentes com pancreatite aguda não biliar (p=0,901); doentes com espessura da fáscia perineural em termos de número de polimorfismo IL-8 rs4073 (-251T/A) (p=0,170); polimorfismo entre grupos de doentes com factores etiológicos alcoólicos, medicamentosos, auto-imunes e idiopáticos, tal como observado na nossa clínica (p=0,552) (Tabela 6).

Discussão

As quimiocinas desempenham um papel importante no aparecimento e desenvolvimento da ARH. Além disso, devido à síndrome da resposta inflamatória sistémica que se desenvolve após o início da doença, as complicações noutros órgãos levam ao desenvolvimento de múltiplas disfunções [11]. Como ativador significativo dos neutrófilos, a quimiocina IL-8 desempenha um papel importante na cascata da inflamação [17,18].

Analisando a formação do citoesqueleto a nível celular, sabemos que, tal como outras quimiocinas, a IL-8 afecta as alterações do Ca+2 intracelular, a ativação das integrinas e a exocitose das proteínas dos grânulos. Tal como em muitas outras doenças inflamatórias (psoríase, artrite reumatoide, doença pulmonar), os níveis séricos de IL-8 estão sobre-expressos na AR [19-21]. Além disso, a IL-8 desempenha um papel fundamental na ativação de leucócitos neutrófilos no desenvolvimento da síndrome de dificuldade respiratória aguda, e este fator pode ser responsável pelo processo alterado em doentes com pancreatite grave [11]. A IL-8 aumenta principalmente no início da síndrome da angústia respiratória aguda e existe uma correlação entre as concentrações séricas e os efeitos patogénicos relacionados com a gravidade da doença [11,22,23].

Estudos clínicos sobre o aumento dos níveis séricos de IL-8 no processo inflamatório também serviram de base para estudos genéticos, que resultaram em um polimorfismo da quimiocina que predispõe ao aumento da PA [11]. O polimorfismo do gene IL-8251 foi avaliado neste estudo. As variantes mutantes heterozigóticas na pancreatite aguda grave eram frequentemente mais elevadas do que no grupo de controlo (p=0,026), e o genótipo TT era mais elevado em doentes com PA ligeira (p=0,051) [11]. Noutro estudo, os genótipos e alelos AA, AT e TT foram examinados em termos do polimorfismo IL-8 rs4073 (-251T/A). Os resultados revelaram um genótipo AT heterozigótico em 73,3% dos casos de pancreatite destrutiva ($p<0,05$), 42,2% nos casos de pancreatite edematosa e 46% no grupo de controlo. Não foi observada uma relação significativa entre o genótipo AT e a destruição da PA ($p<0,05$) [24]. No entanto, um estudo não relatou nenhuma diferença significativa no polimorfismo da IL-8 no rs4073 AP entre pacientes com PA e a população saudável. O mesmo estudo também não revelou resultados significativos na PA [11]. No nosso estudo, os doentes com PAB e PNB foram examinados separadamente para os genótipos homozigótico (AA e TT), AA, TT e AT em termos do polimorfismo IL-8 rs4073 (-251T/A); não foram observadas diferenças significativas em comparação com o grupo de controlo. Do mesmo modo, não foi observada qualquer diferença em termos de polimorfismo na gravidade da doença entre os dois grupos, de acordo com a classificação revista de Atlanta.

As causas etiológicas mais comuns da PA são o álcool e os cálculos biliares [8,25]. Enquanto a PA relacionada com o álcool é mais comum nos homens, a pancreatite relacionada com o cálculo biliar é mais comum nas mulheres. A fisiopatologia pode ser explicada pela lesão causada pela obstrução que ocorre na ampola de Vater ligada ao cálculo biliar na PA, e pela estase libertada e retenção de fluido, causando a acumulação de enzimas no ducto pancreático [26]. Qualquer que seja a etiologia, o aumento dos níveis de amilase e lipase são critérios diagnósticos importantes para toda a PA [5,27]. No entanto, a PCR, cujo nível sérico aumenta na PA, pode ser um dos reagentes de fase aguda não específicos que pode ser um marcador de gravidade. A ativação excessiva de leucócitos que se desenvolve com as citocinas desempenha um papel importante na patogénese da pancreatite inflamatória. A hiperestimulação anormal dos leucócitos fagocíticos pode ser a causa da pancreatite fatal [8,11,28-31].

As transaminases séricas e a bilirrubina são utilizadas para identificar a etiologia biliar e não biliar na PA. O aumento da ALT sérica na presença de cálculos biliares tem sido demonstrado na etiologia biliar, e os doentes com ALT > 150 unidades/L têm um valor preditivo positivo para PBA. A bilirrubina total sérica >3 mg é significativa para a PBA e importante para a identificação diagnóstica

[16,32-36]. No nosso estudo, a avaliação dos parâmetros laboratoriais em doentes com PBA e PNA revelou que o valor mediano da ALT sérica em doentes com PBA com o genótipo AA era superior ao dos genótipos AT e TT. Não foi observado significado estatístico entre os doentes com níveis elevados e normais de amilase, lipase, AST, bilirrubina total e direta, leucócitos e PCR sérica (Tabela 4). No entanto, nos doentes com ANBP, o valor mediano da amilase sérica foi significativamente mais elevado nos doentes com alelos homozigóticos (AA e TT) do que nos doentes com genótipo heterozigótico AT. Não foram observadas diferenças significativas de polimorfismo para os níveis de lipase, ALT, AST, bilirrubina total e direta, leucócitos e PCR (tabela 5).

O valor preditivo positivo da PBA quando os valores de ALT são mais de três vezes superiores ao normal, e os doentes com valores medianos de ALT elevados foram observados com maior frequência no genótipo AA. Isto pode ser uma visão de um dos factores que aumentam devido ao polimorfismo IL-8 rs4073 (-251T/A). São necessários estudos com um maior número de doentes.

O crescimento do pâncreas, as alterações inflamatórias em torno das colecções de líquido pancreático, as alterações de densidade do tecido pancreático e a formação de gás pancreático no trato intestinal da fístula são critérios de diagnóstico importantes para a AP. Ao mesmo tempo, é importante reconhecer as complicações intra-abdominais e a gravidade da doença [3,6,36]. A classificação de Balthazar, os sinais do espaço perineal e da fáscia são muito importantes para esta avaliação. De acordo com a TC, a acumulação de líquido na região peripancreática e o aumento da espessura da fáscia perineal, que pode ser avaliada como uma transmissão de uma forma ligeira para uma forma moderada, são achados importantes [2,37-39]. Com base nos achados de TC em doentes com pancreatite aguda biliar para IL-8 rs4073 (-251T/A), não foram observadas diferenças significativas entre os grupos de doentes que apresentavam aumento da espessura da fáscia perineal e pelo menos duas áreas de acumulação de fluido, e aqueles que não apresentavam nenhuma destas caraterísticas. No grupo de doentes com doença aguda não biliar, não foram observados resultados estatisticamente significativos em termos de aumento da espessura da fáscia perineal. A correlação entre o polimorfismo IL-8 rs4073 (-251T/A) e os resultados da TAC a favor da gravidade da doença não foi, portanto, observada.

No entanto, pode ocorrer pancreatite recorrente da PA, dependendo da persistência dos factores etiológicos. Cada vez mais se considera que a CPRE tem um lugar importante no tratamento de doentes com PA com obstrução contínua. Quando a obstrução é aliviada, espontaneamente ou após CPRE, a taxa de complicações é menor em menos de 48 horas do que nos casos em que a obstrução se prolonga por mais de 48 horas. A necessidade de CPRE pode levar a uma inflamação contínua devido à obstrução biliar por cálculos impactados, e esta condição pode aumentar a gravidade da PBA. Mas apesar da esfincterotomia realizada com CPRE para cálculos biliares em pacientes com PBA, e do tratamento com colecistectomia, pode ocorrer pancreatite recorrente devido a uma etiologia desconhecida [34-36,40]. Embora a colecistectomia laparoscópica seja curativa quando são detectados cálculos ou lamas na vesícula biliar, muitos doentes colecistectomizados têm ataques recorrentes de pancreatite [41]. Não foi observada diferença significativa nos dois grupos entre os pacientes que foram submetidos a uma primeira AP e aqueles que foram submetidos a várias APs. Da mesma forma, não foi observada diferença estatisticamente significativa nos pacientes submetidos à PA após colecistectomia em pacientes com ABP.

A etiologia é muito importante para avaliar a gravidade da doença e determinar o método de tratamento em doentes com pancreatite aguda não biliar. É necessário distinguir a pancreatite relacionada com o álcool da pancreatite relacionada com o cálculo biliar para determinar o tipo de tratamento. A lesão permanente de órgãos e a morbilidade são mais elevadas na pancreatite associada ao álcool do que nas outras. No entanto, a frequência da pancreatite autoimune é inferior a 5% e pode ser tratada com corticosteróides, o que é diferente das outras. Além disso, a pancreatite autoimune pode ser avaliada com base na resposta à terapêutica com esteróides, o que é muito diferente das outras manifestações da doença. A pancreatite idiopática é a causa de PA que pode levar a lesões orgânicas permanentes mais graves e à mortalidade de todos os outros casos etiológicos (9, 42-44). No presente estudo, não foram observadas diferenças estatisticamente significativas entre os doentes com pancreatite alcoólica, autoimune, idiopática e induzida por fármacos na avaliação efectuada para analisar se as variáveis relacionadas com o tratamento e a gravidade da doença diferem consoante a etiologia e se dependem ou não do polimorfismo genético.

Em conclusão, nos nossos estudos com doentes de etiologia biliar e não biliar, não observámos qualquer resultado estatisticamente significativo de que o polimorfismo IL-8 rs4073 (-251T/A) possa constituir uma predisposição para a doença ou para a sua gravidade. No entanto, os valores mais elevados de ALT determinados no genótipo ABP, a variante homozigótica (AA e TT) com níveis elevados de amilase em doentes com ANBP, devem ser tidos em conta, o que poderia levar a um aumento dos danos nos tecidos em doentes com AP em termos do polimorfismo IL-8 rs4073 (-251T/A).

6 Referências :

1. Topazian M, Gorelick FS. Pancreatite aguda. In: Yamada T ed. Textbook of gastroenterology, 4th edition. Philadelphia: Lippincot Williams & Wilkins, 2003: 2026-2061.

2. Banday IA, Gattoo I, Khan AM, Javeed J, Gupta G, Latief M. Modified CT severity index for the evaluation of acute pancreatitis and breast cancer.
A sua correlação com o resultado clínico: um estudo observacional baseado num hospital de cuidados terciários. J Clin Diagn Res 2015; 9:TC01-5.

3. Lankisch PG, Assmus C, Lehnick D, Maisonneuve P, Lowenfels AB. Pancreatite aguda: o género é importante? Dig Dis Sci 2001; 46: 2470-2474.

4. Cappell MS. Pancreatite aguda: etiologia, apresentação clínica, diagnóstico e terapêutica. Med Clin North Am 2008; 92:889-923, ix-x.

5. Phillip V, Steiner JM, Algul H. Fase inicial da pancreatite aguda: avaliação e tratamento. World J Gastrointest Pathophysiol 2014; 5:158-168.

6. Banks PA, Bollen T, Dervenis C, Gooszen HG, Johnson CD, Sarr MG, et al. Classificação da pancreatite aguda - 2012: revisão da classificação de Atlanta e definições por consenso internacional. Gut. 2013 ; 62:102111.

7. Dellinger EP, Forsmark CE, Layer P, Levy P, Maravi-Poma E, Petrov MS, et al. Determinant-based classification of acute pancreatitis severity: an international multidisciplinary consultation. Ann Surg 2012; 256:875-880.

8. Meher S, Mishra TS, Sasmal PK, Rath S, Sharma R, Rout B, et al. Papel dos biomarcadores no diagnóstico e avaliação prognóstica da pancreatite aguda. J Biomark 2015; 519- 534.

9. Weitz G, Woitalla J, Wellhoner P, Schmidt K, Buning J, Fellermann K. A etiologia da pancreatite aguda é importante? Uma revisão de 391 episódios consecutivos. JOP 2015; 16:171-175.

10. Samuel L, Tephly L, Williard DE, Carter AB. Enteral exclusion increases map kinase activation and cytokine production in a model of biliary pancreatitis. Pancreatology. 2008; 8: 6-14.

11. Chen WC, Nie JS. Polimorfismo genético de MCP-1-2518, IL-8-251 e suscetibilidade à pancreatite aguda: um estudo piloto na população de Suzhou, China. World J Gastroenterol. 2008;14:5744-5748.

12. Baggiolini M, Walz A, Kunkel SL. Neutrophilactivating peptide-1/interluekin-8, new cytokine that activates neutrophils. J Clin Invest 1989; 84:1045-1049.

13. Pezzilli R, Billi P, Miniero R, Fiocchi M, Cappelletti O, Morselli-Labate AM, et al. Serum interleukin-6, interleukin-8, and beta 2-microglobulin in early assessment of severity of acute pancreatitis. Comparação com a proteína C-reactiva sérica. Dig Dis Sci 1995; 40:2341-2348.

14. Durgampudi C, Noel P, Patel K, Cline R, Trivedi RN, DeLany JP, et al. A lipotoxicidade aguda regula a gravidade da pancreatite biliar aguda sem afetar o seu início. Am J Pathol 2014; 184:1773-1784.

15. Barauskas G, Svagzdys S, Maleckas A. Proteína C-reactiva na previsão precoce da necrose pancreática. Artigo em inglês, lituano] Medicina (Kaunas). 2004 ; 40:135-140.

16. Popa CC. Factores biológicos de prognóstico na pancreatite aguda grave. J Med Life 2014; 7:525-528.

17. Rajarathnam K, Sykes BD, Kay CM, Dewald B, Geiser T, Baggiolini M, et al. Neutrophil activation by monomeric interleukin-8. Science 1994; 264:90-92.

18. Palomino DC, Marti LC. Quimiocinas e imunidade. Einstein (São Paulo) 2015; 13:469-473.

19. Motoo Y, Xie MJ, Mouri H, Sawabu N. Expressão da interleucina 8 na pancreatite obstrutiva humana. JOP 2004; 5:138-144.

20. Zhang J, Niu J, Yang J. Interleucina-6, interleucina-8 e interleucina-10 na estimativa da gravidade da pancreatite aguda: uma meta-análise actualizada. Hepatogastroenterology 2014; 61:215-220. 24

21. Chantsev VA, Leonov VV. [Polimorfismo do gene IL-8 (A-251T) em pacientes com pancreatite aguda]. Georgian Med News 2014; (231):35-38.

22. Gross V, Andreesen R, Leser HG, Ceska M, Liehl E, Lausen M, et al. Interleukin-8 and neutrophil activation in acute pancreatitis. Eur J Clin Invest 1992; 22: 200-203.

23. Kusske AM, Rongione AJ, Reber HA. Cytokines and acute pancreatitis. Gastroenterologia 1996; 110: 639-642.

24. Novovic S, Andersen AM, Ersb0ll AK, Nielsen OH, Jorgensen LN, Hansen MB. Citocinas pró-inflamatórias na pancreatite aguda induzida por álcool ou cálculos biliares. Um estudo prospetivo. JOP 2009; 10:256-262.

25. Huber AR, Kunkel SL, Todd RF 3rd, Weiss SJ. Regulation of neutrophil transendothelial migration by endogenous interleukin-8. Science. 1991 ; 254 : 99-102. Errata em: Science. 1991 ; 254:631. Science. 1991 ; 254 : 1435.

26. Digalakis MK, Katsoulis IE, Biliri K, Themeli-Digalaki K. Serum profiles of C-reactive protein, interleukin-8 and tumor necrosis fator-alpha in patients with acute pancreatitis. HPB Surg. 2009 ; 2009:878490.

27. Chang JWY, Chung CH. Diagnóstico da pancreatite aguda: amilase ou lipase? Hong Kong J Em Med 2011; 18:2025.

28. Tenner S, Dubner H, Steinberg W. Previsão da pancreatite por cálculos biliares com parâmetros laboratoriais: uma meta-análise. Am J Gastroenterol 1994 ;89:1863-1866.

29. Ni Choileain N, Redmond HP. Immunological consequences of injury. Surgeon 2006; 4: 23-31 quences of injury. Surgeon 2006; 4: 23-31.

30. Pietruczuk M, Dabrowska MI, Wereszczynska-Siemiatkowska U, Dabrowski A. Alterações dos subconjuntos de linfócitos do sangue periférico na pancreatite aguda. World J Gastroenterol 2006; 12: 5344-5351.

31. Kerry Anderson, Lisa A Brown, Philip Daniel, Saxon J Connor. A transaminase de alanina, mais do que a ecografia abdominal, é um teste importante para justificar a colecistectomia em doentes com pancreatite aguda HPB (Oxford) 2010; 12: 342-347.

32. Bohara TP, Parajuli A, Joshi MR. Papel da investigação bioquímica na previsão da etiologia biliar na pancreatite aguda. JNMA J Nepal Med Assoc 2013; 52:229-232.

33. Vitek L, Carey MC. Novos conceitos fisiopatológicos subjacentes à patogénese dos cálculos biliares pigmentares. Clin Res Hepatol Gastroenterol 2012; 36:122-129.

34. Buch S, Schafmayer C, Volzke H, Seeger M, Miquel JF, Sookoian SC, Egberts JH, et al. Loci de uma análise genómica dos níveis de bilirrubina estão associados ao risco e à composição do cálculo biliar. Gastroenterology. 2010; 139:1942-1951, e2.

35. Dholakia K, Pitchumoni CS, Agarwal N. Com que frequência a função hepática na pancreatite biliar aguda? J Clin Gastroenterol 2004; 38:81-83.

36. Koizumi M, Takada T, Kawarada Y, Hirata K, Mayumi T, Yoshida M, et al. JPN Guidelines for the management of acute pancreatitis: diagnostic criteria for acute pancreatitis. J Hepatobiliary Pancreat Surg 2006; 13:25-32.

37. Ishikawa K, Idoguchi K, Tanaka H, Tohma Y, Ukai I, Watanabe H, et al. Classificação da pancreatite aguda com base na extensão retroperitoneal: aplicação de o conceito de plano interfascial. Eur J Radiol 2006; 60:445-452.

38. Li XH, Zhang XM, Ji YF, Jing ZL, Huang XH, Yang L, et al. Envolvimento do espaço renal e perirrenal na pancreatite

aguda: um estudo de RM. Eur J Radiol 2012; 81:e880-887.

39. Qi R, Zhou X, Yu J, Li Z. Estudo anatómico in vivo da fixação inferior da fáscia renal em adultos com pancreatite aguda, conforme demonstrado na tomografia computorizada multidetectores. Sheng Wu Yi Xue Gong Cheng Xue Za Zhi 2014; 31:332-335.

40. Gabbrielli A, Pezzilli R, Uomo G, Zerbi A, Frulloni L, Rai PD, et al. CPRE na pancreatite aguda: O que acontece na prática clínica de rotina? World J Gastrointest Endosc. 2010; 2:308-313.

41. Testoni PA. Pancreatite aguda recorrente: Etiopatogenia, diagnóstico e tratamento. World J Gastroenterol 2014; 20:16891-16901.

42. Yokoe M, Takada T, Mayumi T, Yoshida M, Isaji S, Wada K, et al. Diretrizes japonesas para o tratamento da pancreatite aguda: Diretrizes japonesas 2015.J Hepatobiliary Pancreat Sci 2015; 22:405-432.

43. Lankisch PG, Lowenfels AB, Maisonneuve P. Qual é o risco de pancreatite alcoólica em consumidores intensivos de álcool? Pancreas 2002; 25: 411-412.

44. Frey CF, Zhou H, Harvey DJ, White RH. Incidência e taxas de mortalidade de casos de pancreatite aguda biliar, alcoólica e idiopática na Califórnia, 1994-2001. Pancreas 2006; 33:336-344.

45. Joshua A. Greenberg, MD, Jonathan Hsu, MD, Mohammad Bawazeer, MD, John Marshall, MD, Jan O. Friedrich, MD, Avery Nathens, MD, Natalie Coburn, MD, Gary R. May, MD, Emily Pearsall, MSc, e Robin S. McLeod, MD. Guia de prática clínica: gestão da pancreatite aguda. Can J Surg. 2016 Apr; 59(2): 128-140.

46. Basit Saleem Qazi, Kai Tang e Asma Qazi. Avanços recentes nas patologias subjacentes fornecem informações sobre a inflamação e a angiogénese mediadas pela expressão da interleucina 8. Revista Internacional de Inflamação. Volume 2011 (2011), Artigo ID 908468, 13 páginas.

47. Yoshiharu Motoo, Min-Jue Xie, Hisatsugu Mouri, Norio Sawabu. Expression of interleukin 8 in human obstructive pancreatitis. JOP. J Pancreas (Online) 2004; 5(3):138-144.

48. Anilir E, Ozen F, Yildirim IH, Ozemir IA, Ozlu C, Alimoglu O. Polimorfismo do gene IL-8 na pancreatite aguda biliar e não biliar: causa provável de parâmetros de alto nível? Ann Hepatobiliary Pancreat Surg. 2017 Feb;21(1):30-38. doi: 10.14701/ahbps.2017.21.1.30. Epub 2017 Feb 28.

Tabela 1 - Comparação do polimorfismo IL-8 rs4073 (-251T/A) entre os grupos pancreatite aguda biliar (PAB) e controlo.

		Grupo ABP	Grupo de controlo	Total	p Valor
		n(%)	n(%)	n(%)	
IL-8	AA	11 (13.3)	10 (10)	21 (11.5)	0.538
	AT	42 (50.6)	59 (59)	101 (55.2)	
	TT	30 (36.1)	31 (31)	61 (33.3)	
Total		83 (100)	100 (100)	183 (100)	
IL-8	Importante	41 (49.4)	41 (41)	82 (44.8)	0.297
	Insignificante	42 (50.6)	59 (59)	101 (55.2)	
Total		83 (100)	100 (100)	183 (100)	

Teste do qui-quadrado de Pearson (monte carlo). Teste exato de Fisher (exato).

Tabela 2 - Diferença de sexo no grupo ABPG: polimorfismo do número IL-8 rs4073 (-251T/A) de acordo com os critérios revistos de Atlanta

	Polimorfismo do gene IL-8			Valor P	Polimorfismo do gene IL-8		valor de p
	AA (n =11)	TA (n=42)	TT (n=30)		não significativo (n=42)	significativo(n=41)	
Género*	7(63.6)	23(54.8)	23(76,7)	0.156	23(54,8)	30(73,2)	0.108
	4(36.4)	19(45,2)	7(23,3)		19(45,2)	11(26,8)	
Critérios de Atlanta	9(81.8)	39(92,9)	29(96,7)	0.118	39(92,9)	38(92,7)	1
	1(9.1)	3(7.1)	1(3,3)		3(7,1)	2(4,9)	
	1(9.1)	0(0)	0(0)		0(0)	1(2,4)	
Amilase**	225(1282 49)	334(3821-60)	289.5(3821-29)	0.853	334(3821-60)	254(3821-29)	0.597
Lipase**	147(1487 25)	149.5(3723-8)	135(1400-19)	0.816	149,5(3723-8)	147(1487-19)	0.568
Aspartato** transaminase	31(124-12)	34(373-14)	29.5(717-14)	0.781	34(373-14)	31(717-12)	0.681
Alanina transaminase* *	20(67-9)	29,5(506,1-14)	30.5(376-8)	**0.028**	29,5(506,1-14)	24(376-8)	0.072
Bilirrubina total	1.27(13.8 0.51)	6,95(20,5-0,53)	4.35(20,5-0,53)	0.285	6,95(20,5-0,53)	3,51(20,5-0,51)	0.470
Bilirrubina direta	0.25(36 0.12)	4(28--0,01)	3.5(42-0,06)	0.554	4(28--0,01)	0,54(42-0,06)	0.853
Contagem de glóbulos brancos** (WBC)	6.73(12.4 0.63)	2,025(12,78 0,33)	2.89(24,92-0,29)	0.205	2,025(12,78-0,33)	6,2(24,92-0,29)	0.284
Proteína C-reactiva** (PCR)	5(15-0.09)	0,655(12-0,03)	1.535(14-0,05)	0.338	0,655(12-0,03)	4(15-0,05)	0.239

Teste de Kruskal Wallis (Monte Carlo) - Teste U de Mann Whitney (Monte Carlo) - Teste do qui-quadrado de Pearson (Monte Carlo) - Teste exato de Fisher (Monte Carlo). *n(%) **Mediana (máximo-mínimo)

Tabela 3 - Achados tomográficos no grupo pancreatite aguda biliar: comparação entre a realização de CPRE ou colecistectomia após pancreatite no polimorfismo IL-8 rs4073 (-251T / A)

		Polimorfismo do gene IL-8			Valor P	Polimorfismo do gene IL-8		p Valor
		AA (n=11)	**TA (n=42)**	**TT (n=30)**		**Insignificante (n=42)**	**Significativo(n =41)**	
Número de ataques **		1(1-1)	1(4-1)	1(4-1)	0,093	1(4-1)	1(4-1)	0,864
Fáscia pré-renal espessura	Não	9(81,8)	39(92,9)	27(90)	0,685	39(92,9)	36(87,8)	0,483
	Existem	2(18,2)	3(7,1)	3(10)		3(7,1)	5(12,2)	
Pseudocisto*	Não	10(90,9)	39(92,9)	30(100)	0,352	39(92,9)	40(97,6)	0,616
	Sim	1(9,1)	3(7,1)	0(0)		3(7,1)	1(2,4)	
Acumulação de líquido no espaço de dois ou mais*.	Não	9(81,8)	39(92,9)	27(90)	0,685	39(92,9)	36(87,8)	0,483
	Existem	2(18,2)	3(7,1)	3(10)		3(7,1)	5(12,2)	
A CPRE foi efectuada?	Não	11(100)	41(97,6)	26(86,7)	0,130	41(97,6)	37(90,2)	0,202
	Sim	0(0)	1(2,4)	4(13,3)		1(2,4)	4(9,8)	
Se for sofrido Colecistectomia, tem mais algum ataque?	Não	10(90,9)	40(95,2)	27(90)	0,856	40(95,2)	37(90,2)	0,433
	Sim	1(9,1)	2(4,8)	3(10)		2(4,8)	4(9,8)	

Teste kal Wallis (Monte Carlo) - Teste U de Mann Whitney (Monte Carlo) - Teste Qui-Quadrado de Pearson (Monte Carlo) - Teste Exato de Fisher (Monte Carlo). *n(%) **Mediana (máximo-mínimo)

Tabela 4 - Comparação entre os grupos pancreatite aguda não biliar (ANBP) e controlo no que respeita ao polimorfismo IL-8 rs4073 (-251T/A)

		Grupo ANBP	Grupo de controlo	Total	p Valor
		n(%)	n(%)	n(%)	
IL-8	AA	11 (11,8)	10 (10)	21 (10,9)	0,837
	AT	51 (54,8)	59 (59)	110 (57)	
	TT	31 (33,3)	31 (31)	62 (32,1)	
Total		93(100)	100 (100)	193 (100)	
IL-8	Importante	42 (45,2)	41 (41)	83 (43)	0,565
	Insignificante	51 (54,8)	59 (59)	110 (57)	
Total		93(100)	100 (100)	193 (100)	

Teste do qui-quadrado de Pearson (monte carlo). Teste exato de Fisher (exato).

Tabela 5. Análise do género, parâmetros laboratoriais e polimorfismo IL-8 rs4073 (-251T / A) no grupo de pancreatite aguda não biliar, de acordo com os critérios revistos de Atlanta.

	Polimorfismo do gene IL-8			Valor P	Polimorfismo do gene IL-8		valor de p
	AA(n=10)	**TA(n=46)**	**TT(n=28)**		**não significativo(n=46)**	**significativo(n=38)**	
Género*	4(40)	27(58,7)	18(64,3)	0,419	27(58,7)	22(57,9)	1
	6(60)	19(41,3)	10(35,7)		19(41,3)	16(42,1)	
Critérios de Atlanta	10(100)	41(89,1)	22(78,6)	0,188	41(89,1)	32(84,2)	0,328
	0(0)	5(10,9)	4(14,3)		5(10,9)	4(10,5)	
	0(0)	0(0)	2(7,1)		0(0)	2(5,3)	
Amilase**	596,5(2645-95)	291(3821-32)	482(1487-98)	0,057	291(3821-32)	537,5(2645-95)	**0,023**
Lipase**	130,5(745-23)	101(1570-8)	263,5(3020-17)	0,283	101(1570-8)	227,5(3020-17)	0,159
Aspartato** transaminase	20,5(334-12)	28(717-12)	26(674-12)	0,79	28(717-12)	24(674-12)	0,561
Alanina** transaminase	16,5(73-5)	22,5(447-5)	18(598-6)	0,242	22,5(447-5)	17,5(598-5)	0,104
Bilirrubina total	0,745(3,65 0,43)	0,9(4,56-0,29)	1,005(4,22-0,32)	0,6	0,9(4,56-0,29)	0,92(4,22-0,32)	0,817
Bilirrubina direta	0,185(0,98 0,07)	0,22(0,97 0,07)	0,215(2,1-0,06)	0,667	0,22(0,97-0,07)	0,205(2,1-0,06)	0,836
Contagem de glóbulos brancos** (WBC	9,3(15,8-4)	9,05(19-4,85)	8,425(17,6-4,85)	0,709	9,05(19-4,85)	8,8(17,6-4)	0,439
Proteína C-reactiva** (PCR)	6,5(10-4)	8(28-2)	6,5(42-3)	0,685	8(28-2)	6,5(42-3)	0,376

Teste de Kruskal Wallis (Monte Carlo) - Teste U de Mann Whitney (Monte Carlo) - Teste do qui-quadrado de Pearson (Monte Carlo) - Teste exato de Fisher (Monte Carlo). *n(%) **Mediana (máximo-mínimo)

Tabela 6. Achados de TC, número de ataques e etiologia do polimorfismo rs4073 (-251T / A) da IL-8 no grupo de pancreatite aguda não biliar

		Polimorfismo do gene IL-8			Valor P	Polimorfismo do gene IL-8		p Valor
		AA(n=10)	TA(n=46)	TT(n=28)		Não significativo (n=46)	Significativo (n=38)	
Número de ataques **		1(2-1)	1(8-1)	1(4-1)	0,901	1(8-1)	1(4-1)	0,669
Espessura da fáscia pré-renal*.	Não	10(100)	44(95,7)	24(85,7)	0,17	44(95,7)	34(89,5)	0,403
	Existem	0(0)	2(4,3)	4(14,3)		2(4,3)	4(10,5)	
Causa etiológica	Álcool	0(0)	1(2,2)	1(3,6)	0,552	1(2,2)	1(2,6)	0,602
	Medicamentos	0(0)	0(0)	1(3,6)		0(0)	1(2,6)	
	idiopático	10(100)	45(97,8)	25(89,3)		45(97,8)	35(92,1)	
	Autoimune	0(0)	0(0)	1(3,6)		0(0)	1(2,6)	

Teste de Kruskal Wallis (Monte Carlo) - Teste U de Mann Whitney (Monte Carlo) - Teste do qui-quadrado de Pearson (Monte Carlo) - Teste exato de Fisher (Monte Carlo). *n(%) **Mediana (máximo-mínimo)

Legendas das figuras

Figura 1: Imagem em gel de agarose dos alelos homozigóticos e heterozigóticos de IL-8.

Figura 2. Polimorfismo IL-8 rs4073 (-251T/A) em relação aos níveis de alanina transaminase (ALT) em pacientes com pancreatite biliar aguda.

Figura 3. Polimorfismo IL-8 rs4073 (-251T/A) em relação aos níveis de amilase em pacientes com pancreatite aguda não biliar.

Figura -1 , Imagem de gel de agarose dos alelos homozigóticos e heterozigóticos de IL-8.

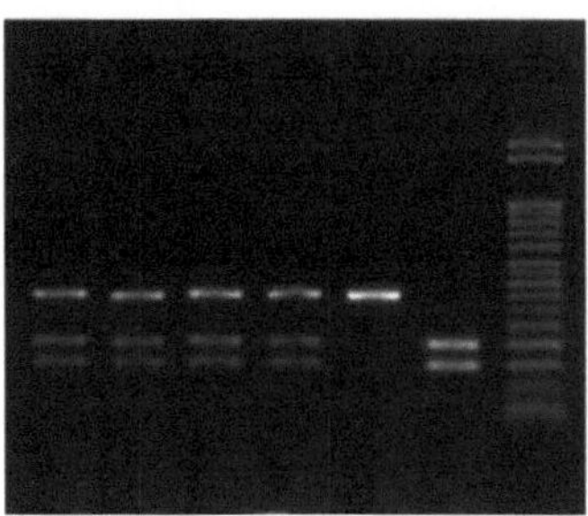

Figura 2. Polimorfismo IL-8 rs4073 (-251T/A) em relação aos níveis de alanina transaminase (ALT) em pacientes com pancreatite biliar aguda.

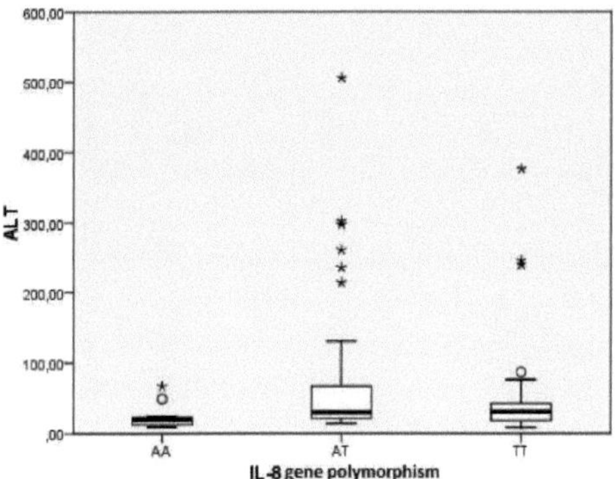

Figura 3. Polimorfismo IL-8 rs4073 (-251T/A) em relação aos níveis de amilase em pacientes com pancreatite aguda não biliar.

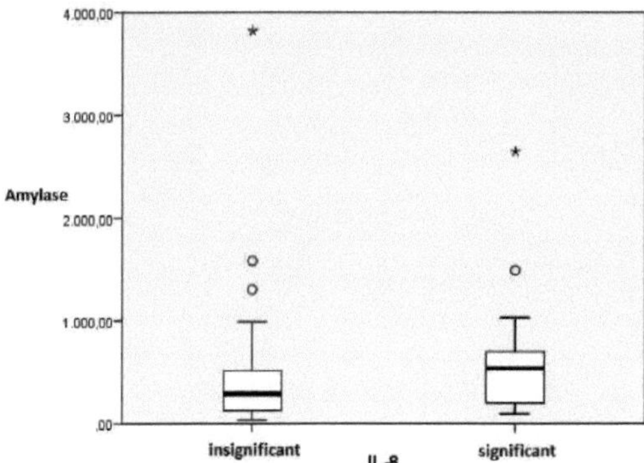

Printed by Books on Demand GmbH, Norderstedt / Germany